Grosse Marken
BUGATTI

GROSSE MARKEN
BUGATTI

H. G. Conway

HEEL

Vorwort des Autors

Ettore Bugatti zählte zu den echten Ausnahmeer-
scheinungen im illustren Kreis der Automobilkon-
strukteure, in dem gewiß kein Mangel an talentierten
und erfolgreichen Technikern und Unternehmern
herrschte. Allein die Tatsache, daß er den ersten
Lizenzvertrag über eine Eigenkonstruktion in der
Tasche hatte, bevor er 21 war, ist schon außerordent-
lich bemerkenswert. Er vergab weitere acht Lizenzen
noch vor Vollendung seines dreißigsten Lebensjahres,
und die Gründung einer eigenen Automobilfirma
war angesichts seiner Fähigkeiten als Konstrukteur
nur noch eine Frage der Zeit gewesen.

Sein Name verbindet sich auf ewig mit Rennwagen, vor allem mit dem phantastischen Typ 35 von
1924. Der Name Bugatti steht jedoch auch für gele-
gentliche Ausbrüche aus dem Rahmen der Normali-
tät, wie zum Beispiel den Royale oder den allradge-
triebenen Rennwagen Typ 53, zwei Konstruktionen,
die die Person Ettore Bugatti nur noch schillernder
erscheinen lassen.

In diesem Buch können leider nur die wichtigsten
und interessantesten Bugatti-Automobilkonstruktio-
nen dargestellt werden, dabei war Ettore Bugatti ein
überaus vielseitiger und kreativer Mensch: Er entwarf und baute Boote, Schienenfahrzeuge, Dampf-
maschinen, Heißwassergeräte, Pferdekutschen, sogar
seine Kleidung entwarf er selbst.

Ettore stammte aus einer einzigartigen, unglaublich kreativen und talentierten Familie, und die
Möbel seines Vaters Carlo sowie die Tierskulpturen
seines Bruders Rembrandt sind in Fachkreisen mindestens ebenso bekannt wie Ettores Automobile in
den unseren.

Die zahlreichen Abbildungen wurden, wo möglich, mit den Namen der Besitzer oder Verwalter der
gezeigten Fahrzeuge zum Zeitpunkt der Aufnahme
versehen.

Mein besonderer Dank geht an Jean-Claude Der-
lerm und Patrick Garnier vom Musée National de
l'Automobile in Mulhouse, Frankreich, für ihre Koo-
peration und dafür, daß wir einige der makellosen
Fahrzeuge der Sammlung fotografieren durften.

H.G. Conway

EINBANDSEITE HINTEN   *Der Typ 35B Baujahr
1929 von Mr I. Preston.*

SEITE 1   *Ein Typ 35 vor Bugattis Chteau St. Jean in
Molsheim.*

SEITE 2 UND 3   *Ein Typ 50 mit Sonderkarosserie
von Saoutchik (aus einer englischen Privatsammlung).*

RECHTS   *Ein Blick in das Musée National de l'Automobile in Mulhouse. Der Wagen im Vordergrund ist der
Typ 101 mit Gangloff-Karosserie.*

Auftragfotografie von Chris Linton, Ian Dawson,
Jean-Paul Caron und Laurie Caddell

Impressum
Sonderausgabe
für Gondrom Verlag GmbH & Co. KG,
Bindlach 1991
Deutsche Ausgabe:
© 1991 by HEEL-Verlag GmbH
Hauptstraße 354
W-5330 Königswinter 1
Telefon 0 22 23 / 2 30 27
Fax 0 22 23 / 2 30 28
© 1984 by Octopus Books Ltd.
Übersetzung: Peter Braun, Mannheim
Satz (Fremddatenübernahme):
Fotosatz Hoffmann, Hennef
Druck und Buchbinderei:
Chemnitzer Verlag und Druck GmbH
Grafische Werke Zwickau
ISBN 3-8112-0846-2

INHALT

Frühe Werke
6

**Der Erzfeind
Gewicht**
14

Die Bugatti-Tourer
24

Die Rennwagen
36

**Die Grand-
Sport-Modelle**
54

**Die Grand-
Touring-Modelle**
62

Index
80

RECHTS *1908 hatten die Motor- und Fahrwerkskonstruktionen des erst 27-jährigen Bugatti einen hohen Grad technischer Perfektion erreicht, wie dieser kettengetriebene Deutz Typ 8 beweist.*

UNTEN *Ein Jahr später produzierte Bugatti auf eigene Faust den kleinen Typ 10 mit 1,2-Liter-Triebwerk. Mit der Weiterentwicklung dieses Prototyps, dem Typ 13, begann Bugatti 1910 im elsässischen Molsheim seine eigene Automobilproduktion.*

Frühe Werke

I m Norden Italiens liegt, begrenzt von Alpen, Apennin und Adria, die fruchtbare
Ebene des Po. Im Westen dieses mächtigen Flußtals befinden sich die traditionellen Hochburgen der metallverarbeitenden Industrie, Mailand und Turin, im Osten
das Handwerkszentrum Venedig. In der Mitte, zwischen Garda- und Iseosee, liegt Brescia, Sitz der Familie Bugatti. Carlo Bugatti (1856 bis 1940) verbrachte seine Lehrjahre
in Mailand, wo er sich als Schöpfer extravaganter und heute von Museen in aller Welt
heißbegehrter Möbelstücke rasch einen Namen machen konnte. Im Jahre 1880 heiratete
er Thérèse Lorioli, die ihm eine Tochter, Deanice (1880), und zwei Söhne, Ettore
(1881) und Rembrandt (1885) schenkte.

Die beiden Jungen wuchsen in einer Umgebung auf, in der Handwerk und Kunst
Hand in Hand gingen. Schon früh erlernten sie den Umgang mit Pinsel, Ton und Holz,
und vor allem Rembrandt erwies sich als bemerkenswertes bildhauerisches Naturtalent.
Er entwickelte sich später zu einem international hochgeschätzten *animalier*, d.h. Schöpfer von Tierskulpturen, setzte jedoch tragischerweise 1916 in einem Anflug von Ver-
zweiflung seinem Leben ein Ende.

Der ältere Sohn Ettore war von Anfang an mehr von der Technik der Motoren und
Maschinen fasziniert. Sein Interesse galt zunächst den Fahrrädern, und danach selbstverständlich den seit der Erfindung des Verbrennungsmotors im Aufschwung befindli-
chen Automobilen, die im reichen Norditalien bald ebenso auf den Straßen anzutreffen
waren, wie in Frankreich oder Deutschland.

Der junge Ettore wurde zum Fahrradhersteller Prinetti & Stucchi in die Lehre gegeben, wo er nicht nur das Mechanikerhandwerk von der Pike auf erlernte, sondern sich
auch mit den Prinzipien der Metallverarbeitung und dem Einsatz von Werkzeugmaschi-
nen vertraut machen konnte, was ihm später, als er selbst Fahrzeuge produzierte und
eigene Fabriken unterhielt, sehr zum Vorteil gereichen sollte. Seine Lehre war indes alles
andere als ein Ingenieurstudium, und so konstruierte er seine Automobile später auch
eher mit Erfahrung, Augenmaß und handwerklichem Geschick, und nicht anhand theo-
retischer Berechnungen. Das zeichnerische Talent hatte Ettore wohl von seinem Vater
geerbt, und so durfte er bei Prinetti & Stucchi bald selbst ans Reißbrett. Er entwarf für
seinen Arbeitgeber ein Dreirad mit De-Dion-Einzylindermotor und später offenbar auch
ein Fahrzeug mit zwei Triebwerken. Mit 18 oder 19 nahm er an einigen der zahlreichen
Straßenrennen teil, die gegen Ende des neunzehnten Jahrhunderts meist auf den Verbin-
dungsstraßen zwischen zwei Städten ausgetragen wurden. Erfolge in den Rennen Ve-
rona-Mantua und Pinerolo-Turin weckten seine Lust an der Geschwindigkeit.

1898 oder 1899 konstruierte er ein vierrädriges Fahrzeug mit vier Motoren, paarweise vorn und hinten angeordnet. Bezüglich der Details dieser Konstruktion vertreten
die historischen Quellen zwar unterschiedliche Auffassungen, doch handelte es sich bei
diesem Automobil zweifellos um Ettores legendären Typ 1. Prinetti & Stucchi stellten
jedoch bald darauf die Produktion von motorisierten Fahrzeugen ein, und Ettore verließ
die Firma.

UNTEN *Auf den ersten Automobilausstellungen um die Jahrhundertwende zeigte de Dietrich
in Paris die Kreationen verschiedener Konstrukteure. Auf dieser wahrscheinlich im Jahre 1903
entstandenen Aufnahme sieht man (in der Mitte) Ettore Bugattis erste Konstruktion für den
Baron neben Automobilen von Turcat-Méry. Der kleine Mann links im Bild ist L.T. Delaney,
der sich später bei Lea-Francis einen Namen machen sollte.*

LINKS *Ettore Bugatti im Prototyp seines vierzylindrigen Typ 2 von 1901. Allein die Tatsache, daß die Konstruktion des noch nicht volljährigen Ettore auch tatsächlich funktionierte, war schon äußerst bemerkenswert. Durch dieses Modell wurde der Baron de Dietrich auf den jungen Bugatti aufmerksam, und er beauftragte ihn mit der Konstruktion einer Reihe von Modellen, die er in seiner Lastwagenfabrik im elsässischen Niederbronn bauen ließ. Mit diesem Auftrag begann Bugattis Werdegang als Automobilkonstrukteur.*

RECHTS *Ettore und sein Freund Emil Mathis in einem frühen de-Dietrich-Wagen. Was Ettore konstruierte, brachte Emil an den Mann, doch man weiß aus zahlreichen Dokumenten, daß Bugatti (wie so viele Konstrukteure nach ihm) mehr an neuen Ideen und Modellen interessiert war, als an der Beseitigung von Schwachpunkten früherer Konstruktionen, und schließlich lockte ja auch der Rennsport! Nichtsdestotrotz konnte Ettore bald auf eine große Zahl aufrechter Bewunderer vertrauen, die ihm seine neuesten Produkte förmlich aus der Hand rissen.*

Im Jahre 1900 übernahmen zwei Brüder, die Grafen Gulinelli, ihrerseits Freunde von Carlo Bugatti, die Finanzierung eines neuen Automobilprojekts, das Ettore zuhause in Angriff nahm. Bereits im darauffolgenden Jahr war das vierzylindrige Fahrzeug (Bohrung × Hub: 90 × 120 mm) einsatzbereit. Zwar sind über Ort und Umstände der Produktion keine näheren Einzelheiten überliefert, doch darf man davon ausgehen, daß in der Region Mailand-Turin zu der Zeit bereits eine leistungsfähige Zulieferindustrie existierte, und die Anfertigung von Rahmen, Gußformen und Zahnrädern keine Schwierigkeiten bereitet haben dürfte. Dennoch ist allein die Tatsache, daß die Konstruktion des jungen und unerfahrenen Fahrradmechanikers auf Anhieb funktionstüchtig war, bereits ein bemerkenswertes Beispiel für die Fähigkeiten des Ettore Bugatti!

Die Verbindung mit de Dietrich

Dieser Wagen (der Typ 2) wurde 1901 auf der internationalen Mailänder Ausstellung vorgestellt und mit einem hoch dotierten Preis ausgezeichnet. Viele Industrielle liebäugelten mit dem Einstieg in die rasch expandierende Automobilbranche und zeigten reges Interesse an der Bugatti-Konstruktion. Unter ihnen befand sich auch ein gewisser Baron de Dietrich, der im elsässischen Niederbronn, das damals noch zum Deutschen Reich gehörte, eine Gesellschaft gleichen Namens unterhielt. Der Baron produzierte bereits Motorfahrzeuge, speziell Busse und Lastwagen, und bot dem offensichtlich sehr talentierten jungen Konstrukteur an, eine Personenwagen-Modellreihe für das Werk Niederbronn zu entwerfen. Zwar war ihm der Typ 2 als solcher zu klein, doch das Konzept schien ihm überzeugend und auch für stärkere Motoren geeignet zu sein. Er bereitete mit Vater und Sohn Bugatti die Ausarbeitung eines Lizenzvertrages vor, der noch im Juni 1902 von Carlo unterzeichnet wurde, da Ettore erst am 15. September 21 Jahre alt wurde. Der vor dem Gesetz noch minderjährige Ettore muß jedoch schon mehrere Monate vor diesem Termin mit der Arbeit an der neuen Modellreihe begonnen haben, denn zwischen 1902 und 1904 wurden in Niederbronn nicht weniger als drei verschiedene Typen produziert (Reihenfolge nicht verbürgt):

	Leistung	Bohrung × Hub
Typ 3	16 PS	114 × 130 mm — 5,3 Liter
Typ 4	24 PS	130 × 140 mm — 7,4 Liter
Typ 5	60 PS (Rennwagen)	160 × 160 mm — 12,9 Liter

Alle drei Versionen hatten vier Zylinder mit hängenden Ventilen, die von zwei im Kurbelgehäuse untergebrachten Nockenwellen betätigt wurden — eine der ersten, wenn nicht die erste ohv-Konstruktion mit doppelten Nockenwellen überhaupt! Die Ventile wurden jedoch nicht, wie später allgemein üblich, über Stoßstangen und Kipphebel betätigt, sondern von direkt auf die Ventile wirkenden Zug- oder Schlepppstangen. Die Zylinder waren paarweise zusammengefaßt und von Wasserkästen aus Kupferblech (später Aluminium) umgeben. Ein Kuriosum der Zylinderblöcke bestand darin, daß die Auspuffgase in eingegossenen Kanälen innerhalb des Wassermantels bis an die Unterseite der Blöcke geführt wurden, wo sie den Wasservorrat zusätzlich aufheizten. Die mittlerweile verbreitete Nutzung der Kühlwassertemperatur zur Erwärmung des angesaugten Verbrennungsgemisches mag ja einleuchten, aber was Ettore sich von dieser ungewöhnlichen Konstruktion versprach, erscheint heute rätselhaft.

Die beiden Nockenwellen wurden an der Vorderseite des Motors von offenlaufenden Stirnrädern angetrieben, die ziemlich verschleißanfällig und wenig laufruhig gewesen sein dürften. Die Schleppstangen betätigten die Ventile über L-förmige Winkelstücke — eine technisch interessante, wenn auch nicht sehr glückliche Lösung, von der Ettore bei seinen späteren Konstruktionen Abstand nahm.

Für den Zündfunken sorgten vier einzelne (wahrscheinlich Summer-) Zündspulen, die über einen umlaufenden Kontaktfinger angesteuert wurden, also keine Einspulen-Zündanlage mit Mehrfachunterbrecher, wie wir sie heute kennen, doch Bugatti kannte ja noch keinen Robert Bosch, der ihm hätte helfen können, und so mußte er für alles selbst eine Lösung finden!

Wie man aus alten Konstruktionszeichnungen und technischen Beschreibungen weiß, wurden alle Motorlager von einem „Tröpfchentank" ohne Pumpe geschmiert. Motor und Kupplung waren auf einem separaten Rahmen montiert, der im Bereich der Vorderachse unter dem Chassisrahmen angeschraubt wurde. Die Kraftübertragung erfolgte über ein ebenfalls am Rahmen unter dem Fahrersitz montiertes Getriebe, bei dem die Antriebswelle unglücklicherweise über der Eingangswelle lag, wodurch sich eine ungewöhnlich hohe Sitzposition ergab. Das Getriebe verfügte über vier Gänge, die über einen Ratschenmechanismus nur in einer bestimmten Reihenfolge geschaltet werden konnten, und ein Differential mit zwei Kettenrädern zum Antrieb der Hinterräder.

Von diesen de-Dietrich-Wagen wurden nicht viele Exemplare gebaut, sicherlich weit weniger als 100 Stück. Während die beiden Tourenmodelle einander im Aufbau sehr ähnlich waren, unterschied sich der Rennwagen nicht nur durch die Fahrersitzplazierung hinter der Hinterachse grundlegend von den anderen de-Dietrich-Fahrzeugen. Bugatti hatte den ersten Tourenwagen übrigens ebenfalls nach diesem ungewöhnlichen Prinzip konstruiert und ihn im September 1902 bei einem Rennen in Frankfurt an den Start gebracht. Offensichtlich war der Wagen in den Monaten vor der Rechtswirksamkeit des Lizenzvertrages gebaut worden. Später entstand in Niederbronn dann der Wagen, der heute oft als Typ 5 bezeichnet wird, mit einem ungleich größeren Triebwerk mit 160 mm Bohrung und Hub, woraus sich ein Hubraum von stolzen 12,9 Litern ergab. Bugatti wollte diesen Rennwagen ursprünglich 1903 bei der berüchtigten Fernfahrt Paris-Madrid einsetzen, die die französische Regierung in Bordeaux abbrechen ließ, nachdem bereits zahlreiche Teilnehmer tödlich verunglückt waren (unter ihnen übrigens auch Marcel Renault, einer der Gründer der großen französischen Automobilmarke). Obwohl verschiedene de-Dietrich-Fahrzeuge von anderen Lizenzkonstrukteuren zu diesem Rennen zugelassen wurden, versagte die Abnahmekommission Bugatti die Teilnahmeerlaubnis wegen der unorthodoxen Sitzposition und der schlechten Sicht nach vorne. Bugatti versetzte daraufhin den Fahrersitz in die Fahrzeugmitte und nahm 1904 an mindestens einer Rennveranstaltung teil.

Der de-Dietrich-Modellkatalog verzeichnete zwei Motorversionen (18/22 PS und 30/34 PS) sowie zwei Fahrgestelle, „Normal" mit 1250 mm Spur und 2400 mm Radstand, und „Limousine" mit 1350 mm Spur und 2850 mm Radstand. Diese letzteren Werte sollten auch später noch oft an den in Molsheim entstandenen Bugatti-Produkten auftauchen.

Die Tourenmodelle erwirtschafteten einen bescheidenen Verkaufserlös, der zum Teil vielleicht auch auf Ettores Rennsportengagement zurückzuführen war. Ein Tourer wurde 1903 auf Ausstellungen in Berlin und Wien gezeigt und tauchte im Jahr darauf unter dem Markennamen Burlington auch auf der Londoner Ausstellung auf. Über die Zuverlässigkeit einer solch neuen und wenig erprobten Konstruktion kann man heute nur Spekulationen anstellen, doch es ist bemerkenswert, daß Bugatti schon zu diesem frühen Zeitpunkt von zufriedenen Kunden überschwenglich gelobt wurde, wie der nachfolgende Artikel aus der Zeitschrift *Automobile Welt* von 1904 belegt:

„Über die Vorzüge der de-Dietrich-Wagen (Lizenz E. Bugatti) berichten bereits viele anerkennende Schreiben von hochzufriedenen Kunden. Uns liegt ein weiterer Beleg für die erstklassige Qualität der Bugatti-Wagen vor, ein Brief des bekannten Generals McCoskry Butt, der in Sportlerkreisen in Amerika hohes Ansehen genießt und jüngst bei seinem Aufenthalt in Europa einen 24-PS-de-Dietrich (Lizenz Bugatti) erwarb. Da dieser geschätzte Herr bereits mehrere Automobile und

Motorboote sein eigen nennt, ist sein Expertenurteil natürlich für uns umso wertvoller. In seinem Brief an Monsieur E.E.C. Mathis, Generalvertreter für de-Dietrich-Wagen, schreibt er: Bezüglich Ihres Schreibens vom 22. August, in dem Sie sich nach meiner Zufriedenheit mit dem mir von Ihnen am 15.4.1904 ausgelieferten de Dietrich (Lizenz Bugatti) erkundigen, möchte ich Ihnen erwidern, daß es nach meinem Dafürhalten unmöglich sein dürfte, eine bessere Maschine zu konstruieren. Ich fuhr den Wagen von Straßburg über Frankfurt nach Dresden und benutzte ihn in den Monaten April, Mai, Juni, Juli und August jeden Tag für Fahrten von schätzungsweise 150 Kilometern. Dazwischen führten mich einige längere Reisen durch den schwäbischen und französischen Jura über Nürnberg bis in die südlichen Vogesen, über Belfort und Gray nach Besançon, von Gray nach Amiens (440 km in 11 Stunden), von Amiens über Metz nach Sedan, durch die Ardennen und danach durch die nördlichen Vogesen über Bitsch [Bitche] nach Straßburg.

Während dieser beschwerlichen Fahrten durch die Gebirge setzte die Maschine auch nicht einen Takt aus, und während der gesamten Zeit, die ich das Fahrzeug nun besitze, verursachte es keinerlei Schwierigkeiten. Das Automobil befindet sich, wie Sie sich gerne selbst überzeugen können, in demselben Zustand, wie ich es erworben habe. Aus diesem Grunde beabsichtige ich auch, einen Ihrer neuen 40 PS Hermes', Lizenz Bugatti, zu kaufen, da dessen Motor die einzigartige Besonderheit aufweist, auch für den Antrieb eines Motorbootes geeignet zu sein, wenn ich mich nicht zu Lande fortbewegen will.

Hochachtungsvoll
McCoskry Butt, Brigadegeneral

Leider stand zwischen de Dietrich und Bugatti nicht alles zum Besten. Verschiedene Quellen führen den Bruch zwischen den beiden darauf zurück, daß de Dietrich aus dem unprofitablen Personenwagengeschäft aussteigen wollte, doch es scheint wahrscheinlicher, daß Ettore Bugatti zu viel firmeneigenes Kapital mit Experimenten und seiner Rennleidenschaft durchbrachte, während sich die Kundenbeschwerden über die Tourermodelle zu häufen begannen. Die Lizenzvereinbarung wurde am 3. Februar 1904 notariell gelöst, doch die persönlichen Beziehungen zwischen Ettore und dem Baron blieben zumindest noch ein paar Jahre lang freundschaftlich und herzlich.

Die Zeit mit Mathis

Der Schauplatz der Geschichte verlagerte sich nun von Niederbronn in das nahegelegene Straßburg, wo Emil Mathis, ungefähr im gleichen Alter wie Bugatti, eine Vertretung für de-Dietrich-Wagen unterhielt. Die beiden jungen Männer hatten sich rasch angefreundet, und so verwunderte es nicht, daß die beiden, als de Dietrich sich von Bugatti getrennt hatte, gemeinsam ein Automobil konstruieren und über die Firma Mathis verkaufen wollten.

Wenige Wochen später, am 1. April 1904, unterzeichneten Mathis und Bugatti einen zunächst auf zwei Jahre beschränkten Lizenzvertrag über Konstruktion und Bau eines Automobils. Der „Hermes" getaufte Wagen sollte von der Firma Société Alsacienne de Construction Mécanique (SACM) in Illkirch-Graffenstaden bei Straßburg produziert werden. Ettore richtete sein Planungsbüro in einer Mansarde des Hôtel de Paris in der Rue de la Nuée Bleue in Straßburg ein, da das Gebäude Mathis' Vater gehörte. Unterstützt wurde er von einem Mechaniker der Firma Mathis, Ernest Friderich, der ihm auch in den nachfolgenden Jahren als treuer Assistent zur Seite stehen und für seine Dienste später mit der Leitung der Bugatti-Vertretung in Nizza belohnt werden sollte.

Der Hermes konnte seine Verwandtschaft mit dem de-Dietrich-Wagen nicht verleug-nen, präsentierte sich aber in vielen kritischen Punkten verbessert. Die Einlaßventile waren immer noch hängend angeordnet und wurden über Schleppstangen betätigt, doch die Auslaßventile standen nun seitlich, genau unter den Einlaßventilen, und wurden direkt von der im Motorblock untergebrachten Nockenwelle bewegt, deren Antriebs-stirnräder nun übrigens in das Motorgehäuse integriert waren und offenbar aus einem Fiberwerkstoff bestanden haben sollen. Die eingebaute Ölpumpe versorgte die Lagerstellen noch immer nicht direkt, sondern über kleine Spritzdüsen, doch dafür lieferte nun ein bewährter Magnetzünder den lebenswichtigen Zündfunken.

Die verbesserte Kupplung gestattete ein schnelles und müheloses Wechseln der Gänge. Ermöglicht wurde dies durch eine einzelne Reibscheibe an der Getriebewelle, die zwischen den beiden beweglichen Hälften der Schwungscheibe eingeklemmt wurde. Die Getriebeausgangswelle lag nun unter der Eingangswelle, wodurch Wagenboden und Sitzhöhe um einiges tiefer ausfielen. Ebenfalls eine wichtige Verbesserung war die Einführung von Schaltstangen nach dem „System Mercedes", denn mit dieser Schaltung ließen sich die Gänge im Gegensatz zu dem beim de-Dietrich-Bugatti verwendeten Getriebe frei wählen. Am Kettenantrieb zu den Hinterrädern hatte sich nichts geändert, doch der Motor saß nun ohne Hilfsrahmen direkt im soliden Chassis.

Bugatti selbst zählte nur die Typen 6 und 7 zur Mathis-Ära, obwohl der erste Mathis-Katalog drei Modelle nennt:

Leistung	Bohrung × Hub
50 PS	136 × 150 mm
60 PS	140 × 150 mm
90 PS	160 × 160 mm

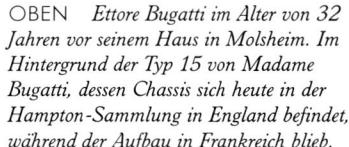

OBEN *Ettore Bugatti im Alter von 32 Jahren vor seinem Haus in Molsheim. Im Hintergrund der Typ 15 von Madame Bugatti, dessen Chassis sich heute in der Hampton-Sammlung in England befindet, während der Aufbau in Frankreich blieb.*

LINKS *Ein neues Mathis-Hermes-Fahrgestell im SACM-Werk in Illkirch-Graffenstaden, um 1905. Der Motor verfügte nun über hängende Einlaß- und seitlich stehende Auslaßventile, die von einer einzelnen Nockenwelle betätigt wurden. Der Endantrieb erfolgte nach wie vor über zwei Ketten, doch das neue Getriebe gestattete eine deutliche Absenkung des Wagenbodens. Die Zylinder waren paarweise zusammengefaßt, und das mächtige Schwungrad fungierte mit seinen schaufelförmigen Speichen als Kühl-luftventilator.*

RECHTS *Ettore nahm mit seinen Wagen regelmäßig an Wettfahrten, Rennen oder Trialveranstaltungen teil, hielt sich jedoch ansonsten aus dem Rennsportgeschehen weitgehend heraus. Die Aufnahme zeigt ihn mit Emil Mathis als Beifahrer am Steuer eines Deutz-Wagens bei der Prinz-Heinrich-Fahrt 1909. Das kleine, ovale Markenemblem an der Kühlermaske trägt den Deutz-Schriftzug.*

Aus anderen Quellen geht hervor, daß die beiden kleinen Versionen wohl den Typ 6 repräsentieren, während es sich beim Typ 7 um die 90-PS-Ausführung gehandelt haben müßte. Im Mathis-Katalog von 1906 verfügten die drei Versionen allerdings plötzlich über 50, 80 und 120 PS.

Der Wagen verkaufte sich in bescheidenen Stückzahlen, wobei das erste Fahrgestell (Nr. 351) an einen gewissen „Burlington" ging. Es handelte sich dabei zweifellos um jenen Londoner Händler, für den das im Jahr zuvor ausgestellte de-Dietrich-Modell bestimmt gewesen war, das er jedoch nie erhalten hatte. Dieses britische Chassis wurde sehr erfolgreich im Rennsport eingesetzt, unter anderem von L.T. Delaney bei Sandbahnrennen in Southport.

Leider war auch diesem Typ kein langes Leben vergönnt, und bis 1907 entstanden nur etwa 15 Exemplare, nachdem im März 1906 der Lizenzvertrag ausgelaufen war. Es gibt Belege über Kundenreklamationen und auch darüber, wie sich Ettore über sie hinwegsetzte. Der enttäuschte Mathis hatte verständlicherweise kein Interesse an einer Weiterführung der Geschäftsbeziehung.

Bei Deutz in Köln

Was nun auch die Gründe für die Trennung von Mathis gewesen sein mochten, Tatsache ist, daß Bugatti bereits im Frühjahr 1907 erste Gespräche mit der Gasmotorenfabrik Deutz in Köln geführt hat. Der mächtige Konzern, der durch die Erfindung seines genialen Konstrukteurs Nikolaus August Otto zu Weltruhm gelangt war, wollte nun auch in das Automobilgeschäft einsteigen. Der Technische Leiter des Deutz-Konzerns, Adolf Langen, kannte Bugatti und hatte als Besitzer zweier Mathis-Wagen auch dessen Fähigkeiten als Konstrukteur schätzen gelernt. Bugatti begann noch im März 1907 mit der Arbeit an einem neuen Automobil, die offizielle Lizenzvereinbarung mit einer Laufzeit von fünf Jahren wurde am 1. September 1907 geschlossen.

Er entwickelte für Deutz zwei Vierzylinder-Basismodelle, den Typ 8 und den Typ 9, für die es Motoren in verschiedenen Hubraumgrößen geben sollte. Während der Typ 8 noch über Ketten zu den Hinterrädern angetrieben wurde, verfügte der Typ 9 bereits über eine längs zur Fahrtrichtung angeordnete Antriebswelle und eine starre Hinterachse mit Kegelraddifferential. Ungeachtet des vielleicht nicht ganz befriedigenden Verkaufserfolgs waren die beiden Bugatti-Konstruktionen über jeden Zweifel erhaben und ihrer Zeit weit voraus.

Der Motor verfügte nun über zwei hängende Ventile pro Brennraum und einen gemeinsamen Block mit eingegossenen Wassermänteln für alle Zylinder. Die obenliegende Nockenwelle wurde von einer Königswelle angetrieben und betätigte die Ventile über gekrümmte Stößelstangen mit verschleißmindernden Rollen an beiden Enden.

Dabei handelte es sich um eine Art Vorläufer der später berühmten „Bananenstößel", die von 1910 bis 1925 in den acht- und sechzehnventiligen Bugatti-Motoren aus Molsheim Verwendung finden sollten.

Die Verbindung zwischen Motor und Getriebe stellte bei diesem Typ erstmals eine im Ölbad laufende Lamellenkupplung her, wie sie Bugatti in all seinen Konstruktionen bis 1932 verbaute. Die verschiedenen Stahl- und Eisenscheiben wurden von einem selbstverstärkenden Hebelsystem aneinandergepreßt, das von einer Feder in einer „Übernullpunktstellung" gehalten wurde, in der es, ähnlich wie ein Schnappverschluß, einen enorm hohen Druck auf die Reibscheiben ausübte. Die Kupplungsbetätigung war nicht minder einfallsreich: Eine mit Kugeln gefüllte Rohrleitung, die eine verlustarme Übertragung der Kräfte auch in engen Radien erlaubte. Der Endantrieb erfolgte zwar immer noch über zwei kurze Ketten, doch lagen die beiden Getriebewellen endlich nebeneinander. Drei Schaltgabeln übernahmen das Einrücken der Gänge.

Rahmen und Fahrwerk waren von überzeugender Solidität und nahmen viele Details der späteren Bugatti-Wagen aus Molsheim vorweg. An Bremsen für die Vorderräder hatte man sich zur damaligen Zeit noch nicht gewagt, doch eine zusätzliche Getriebebremse versprach vergleichsweise gute Verzögerungswerte.

Typ 9 und der Bruch mit Deutz

Wieviele Wagen vom Typ 8 tatsächlich produziert wurden ist nicht überliefert, doch schon 1909 erschien eine verbesserte Version. Diese verfügte — ein Novum für Bugatti — über eine Antriebswelle und ein Kegelraddifferential im Hinterachsgehäuse. Zu diesem Zeitpunkt waren nur noch wenige kettengetriebene Automobile auf dem Markt, und die Vermutung liegt nahe, daß Bugatti sich mit dieser Kraftübertragung lediglich an den Erfordernissen des Marktes orientierte.

Der komplette Antriebsstrang vom Getriebe bis zur Hinterachse wurde von Ettore auch für seine Molsheimer Produkte bis in die dreißiger Jahre hinein quasi unverändert weiterverwendet, was verdeutlicht, daß Bugatti einer guten Idee die Treue zu halten verstand und nur dort Veränderungen oder Verbesserungen vornahm, wo sie ihm angebracht erschienen.

Das Getriebegehäuse war an drei (später vier) Punkten mit dem Rahmen verschraubt und somit gleichzeitig ein versteifendes Element. Das darin untergebrachte Räderwerk verdient insoweit besondere Erwähnung, als es sich dabei um ein sogenanntes Getriebe mit „schneller" Vorgelegewelle handelte. Bei dieser Konstruktion sitzen die ständig im Eingriff stehenden Zahnräder am Ende der Haupt-, bzw. Eingangswelle und lassen die Vorgelegewelle mit einer höheren Drehzahl rotieren als die Abtriebswelle. Die seitlich verschiebbaren Losräder sind auf der Hauptwelle angeordnet, wodurch bei

Der 1909 in Köln gebaute Prototyp des Typ 10 erhielt im Molsheimer Werk einen Ehrenplatz und wurde sogar mitgenommen, als die Familie Bugatti und zahlreiche Arbeiter 1940 vor den vorrückenden deutschen Truppen nach Bordeaux fliehen mußten. Aus ungeklärten Gründen blieb der Wagen jedoch in Südfrankreich zurück, als Ettore 1941 nach Paris ging. Der Typ 10 tauchte zunächst in Marseille wieder auf, wurde nach Belgien verkauft und landete schließlich im Harrah-Automobilmuseum in Reno, Nevada. Der Motor trägt viele Konstruktionsdetails des ungleich größeren Deutz-Triebwerks, so zum Beispiel die offenliegenden Ventile, die von einer obenliegenden Nokkenwelle über gekrümmte Stößelstangen betätigt wurden. Die Karosserie erhielt von Bugatti-Angestellten den liebevollen Kosenamen „baignoire" („Badewanne").

einem Gangwechsel nur die Losräder, nicht aber die Vorgelegewelle, eine Drehzahländerung erfahren. Diese Reduzierung der trägen Massen erleichterte den Gangwechsel im Vergleich zu den damals — und heute — üblichen Getrieben ungemein, und einzig die verschleißfördernd hohe Vorgelegewellendrehzahl dürfte andere Konstrukteure davon abgehalten haben, dieses Prinzip zu übernehmen. So blieb die leichte Schaltbarkeit lange Jahre ein einzigartiger Vorzug der Bugatti-Getriebe.

Das Verhältnis zwischen Deutz und Bugatti begann sich bald zu verschlechtern, doch leider sind heute darüber keine Einzelheiten mehr bekannt. In einem auf den 16. November 1909 datierten Brief kündigte die Gesellschaft Bugatti zum 15. Dezember den Vertrag auf. Die Produktion des Wagens lief noch einige Zeit weiter, doch die berühmte Motorenfabrik hatte Schwierigkeiten, auf dem bereits von einer ganzen Reihe großer Namen beherrschten Automobilmarkt Fuß zu fassen. Im Jahre 1911 zog sich Deutz aus der Automobilproduktion zurück.

Kleinere Wagen und der Beginn in Molsheim

Bugattis Abkommen mit Deutz erlaubte ihm die Einrichtung eines kleinen Konstruktionsbüros in Köln, das von Felix Kortz geführt wurde. Kortz sollte Bugatti noch lange Jahre zur Seite stehen, und sein tragischer Unfalltod im Jahre 1926 traf Ettore schwer.

Ungefähr zu der Zeit, als er mit der Arbeit am Typ 9 beschäftigt war, begann sich Ettore für sogenannte Leichtwagen oder *Voiturettes* mit 1,5 Litern Hubraum zu interessieren. Seine eigenen Konstruktionen hatten bislang immer über gewaltige Hubräume von 4 bis 13 Litern verfügt, und wenn auch nicht genau bekannt ist, was ihn zu dieser Neuo-

rientierung veranlaßte, so lassen sich doch aus den näheren Umständen mit einiger Sicherheit die ausschlaggebenden Gründe hierfür erschließen.

In Bugattis Heimatstadt Mailand war auch der Automobilproduzent Isotta-Fraschini beheimatet, der seinerseits wiederum Kontakte zu de Dietrich unterhielt. Für den Grand Prix des Voiturettes, der 1908 in Dieppe ausgetragen wurde, hatte Isotta-Fraschini einen hübschen Leichtwagen konstruiert, der in der Ausgabe der italienischen Zeitschrift *Motori, Cicli, Sport* vom 1. September 1908 ausgiebig besprochen wurde. Er verfügte über einen Vierzylindermotor (Bohrung × Hub 62 × 100 mm, 1,2 Liter Hubraum), eine königswellengetriebene, obenliegende Nockenwelle, ein getrenntes Vierganggetriebe, eine starre Hinterachse mit Differential und ein Fahrgestell mit vier halbelliptischen Blattfedern. Das Wägelchen sah hinreißend aus, und obwohl es im Rennsport nicht sehr erfolgreich war, fand es in der Presse doch immer wieder Erwähnung.

Man kann davon ausgehen, daß Ettore, der das Fahrzeug wahrscheinlich nicht einmal mit eigenen Augen gesehen hat, allein aufgrund der Pressestimmen von dem Potential eines solchen kleinen Wagens verblüfft war. Die Tatsache, daß mit Isotta-Fraschini eine weitere italienische Firma de Dietrich hatte Schützenhilfe leisten müssen, mochte ihn noch zusätzlich angespornt haben. In jedem Fall begann er unverzüglich mit der Arbeit am Typ 10, dessen Produktion er diesmal selbst in die Hand nehmen wollte. Es existiert ein Brief von Ettore an seinen Freund Emil Mathis, in dem er ihm im April 1909 mitteilt, daß der kleine Wagen fertig sei.

Die äußerliche Ähnlichkeit zwischen der Isotta-Fraschini-Voiturette und Bugattis Typ 10, sowie später dem Typ 13, ist so auffällig, daß man auf den ersten Blick glauben

möchte, Bugatti habe den kleinen Isotta konstruiert. Dem war freilich nicht so, denn zu der Zeit hatte Stefanini bei Isotta das Sagen, und eine Untersuchung der Originalpläne läßt keinen Zweifel daran, daß hier zwei verschiedene Konstrukteure am Werk waren.

Bugattis Voiturette glich im Aufbau dem parallel für Deutz konstruierten Typ 9, in den Abmessungen jedoch eher dem Isotta. Wie dieser hatte der Typ 10 einen Vierzylindermotor mit 62 mm Bohrung und 100 mm Hub (1207 ccm). Die hängenden, über die charakteristischen „Bananenstößel" betätigten Ventile hatte er mit dem Deutz-Modell gemeinsam. Die Lamellenkupplung verfügte wie im Deutz über das selbstverstärkende Hebel- und Federwerk, außerdem besaß er ein bauartgleiches Getriebe und eine ebenfalls ähnliche, wenngleich etwas schwächer dimensionierte Hinterachse. Rahmen und Fahrwerk waren maßstäblich verkleinerte Kopien des Typ 9, und das Ergebnis war ein faszinierendes kleines Automobil mit ausgezeichneten Fahrleistungen, von dem alle, die einmal darin gesessen hatten, in den höchsten Tönen schwärmten. Darüberhinaus erteilte der Typ 10 Ettore eine Lektion, die er später in die Worte kleidete: „Le poids c'est l'ennemi" (das Gewicht ist der Feind). Dieses Fahrzeug steht heute übrigens im Harrah-Automobilmuseum in Reno, Nevada.

In den folgenden Monaten wurden die Weichen für Bugattis Zukunft gestellt. Die Rolle des Herrn lag ihm besser als die des Dieners, und er hatte es satt, immer nur für andere zu konstruieren. Mit 28 Jahren wollte er endlich selbständig sein, und glücklicherweise hatte er die richtigen Beziehungen und Freunde. Einer davon war der spanische Bankier de Vizcaya, der im Elsaß einen Jagdsitz hatte und Beziehungen zu dem Darmstädter Bankhaus unterhielt, das die Finanzierung der Entwicklung des von Deutz

in Auftrag gegebenen Typ 8 übernommen hatte. De Vizcaya war jedenfalls von dem kleinen Automobil begeistert. Gegen Ende 1909 zog Bugatti mit seinen Freunden Kortz und Friderich (der frisch aus dem Militärdienst entlassen worden war) von Köln zurück ins Elsaß, genauer gesagt in eine alte Färberei nach Molsheim, einer Kleinstadt wenige Kilometer westlich von Straßburg.

Am 1. Januar 1910 wurde die Firma Automobiles Ettore Bugatti gegründet, mit dem Ziel vor Augen, den 1,2-Liter-Wagen mit wenigen Änderungen als Bugatti Typ 13 zu produzieren. Der Pferdenarr Ettore wollte einen kleinen Rassewagen haben, und bereits zu diesem Zeitpunkt begann sich sein Konzept vom „pur-sang", vom „reinrassigen" Fahrzeug abzuzeichnen, das sich wie ein roter Faden durch sein Lebenswerk zog.

Der Erzfeind Gewicht

chon der kleine Typ 10 hatte die Automobilenthusiasten sofort in seinen Bann geschlagen, und sein Nachfolgemodell, der Typ 13, mit dem Anfang 1910 in Molsheim die Produktion der ersten Bugatti-Wagen begann, wurde dank einiger Verbesserungen ebenso begeistert aufgenommen. Über den Verbleib der Typen 11 und 12 ist nichts bekannt; vermutlich hatte Ettore sie bei Deutz gelassen, oder sie hatten, was sogar wahrscheinlicher ist, nie existiert — denn 1910 verwendete Bugatti die Bezeichnungen Typ 15 und Typ 17 für Sonderversionen des Typ 13 mit verlängertem Radstand.

	Radstand
Typ 13	2000 mm
Typ 15	2400 mm
Typ 17	2550 mm (doppelte Hinterachsfedern)

Fünf Fahrgestelle entstanden noch 1910, im Jahr darauf weitere 75, und bis zum Ausbruch des Krieges im August 1914 summierte sich die Produktion auf insgesamt zirka 350 Exemplare.

Der Hubraum wurde durch Aufbohren der Zylinder (B × H: 65 × 100 mm) auf 1327 ccm vergrößert und der Ventiltrieb unter einem polierten, mit einem schwungvollen Ettore-Bugatti-Signet verzierten Gehäuse versteckt. In dem Vierzylinderblock mit angegossenem Zylinderkopf waren die Auslaßventile von unten eingesteckt, die Einlaßventile jedoch in separaten Käfigen montiert, die von oben in den Zylinderkopf eingeschraubt wurden - ein Relikt früherer Konstruktionen. Dieses Triebwerk wurde später als „Achtventiler" (huit soupapes) bezeichnet, um es von den nachfolgenden sechzehnventiligen Versionen (seize soupapes) zu unterscheiden.

Oben auf dem Zylinderblock saß ein massives Bronzegußteil, in dem sich die obenliegende Nockenwelle drehte. Die Ventilbetätigung erfolgte ebenfalls über gekrümmte Stößelstangen („Bananenstößel"), die in Weißmetall-Lagern in ebenfalls gekrümmten Führungen hin- und hergeschoben wurden. Angetrieben wurde die Welle, bei der die Nocken übrigens noch einzeln montiert und mit Spannstiften befestigt waren, über einen doppelten Winkeltrieb, eine sogenannte Königswelle, an der Motorvorderseite.

Der Zylinderblock ruhte auf einem in Höhe der Kurbelwelle waagerecht geteilten Aluminium-Kurbelgehäuse mit drei Bronze-Gleitlagern, das über vier Ausleger mit dem Rahmen verschraubt war.

Die Königswelle trieb über eine Schrägverzahnung eine vor dem Motorblock lie-

Typ 13-23, Achtventiler	
Bauzeitraum	1910 bis 1920
Stückzahl	435

MOTOR

Typ	Zylinderblock mit angegossenem Zylinderkopf, hängende Ventile
Zylinderzahl	4
Bohrung/Hub (mm)	65 x 100
Hubraum (ccm)	1327
Ventilbetätigung	gekrümmte Stößelstangen
Zündkerzen	1 pro Brennraum
Kompressor	Nein
Vergaser	1 Zenith
Leistung (PS)	zirka 20

KRAFTÜBERTRAGUNG

Kupplung	Lamellen-Naßkupplung
Getriebe	Schaltgetriebe 4+R, Kulissenschaltung

FAHRGESTELL

Radstand	T13: 2000 mm T15, 22: 2400 mm T17, 23: 2550 mm
Spur	1150 mm
Federung vorn	Halbelliptik-Blattfedern
Federung hinten	bis 1913 Halbelliptik-Blattfedern ab 1913 geschobene Viertelelliptik- Blattfedern
Bremsen	Trommelbremsen, an den Hinterrädern per Hand, am Getriebe per Fuß betätigt
Reifengröße	710 x 90
Räder	anfangs Holzspeichen-, später Rudge- Drahtspeichenräder

FAHRLEISTUNGEN

Höchstgeschw.	120 bis 145 km/h

gende, waagerechte Hilfswelle an, an deren rechtem Ende der Bosch-Zündmagnet und links die Wasserpumpe montiert waren. Eine Ölpumpe suchte man bei den ersten Bugattis vergebens: Die Schmierung erfolgte (wie bei den Drehbänken in der Molsheimer Fabrik) über einen an der Motorspritzwand befestigten „Tröpfchentank".

Die Mehrscheiben- oder Lamellenkupplung mit Stahl- und Gußeisenscheiben drehte sich in einem Öl-Petroleum-Bad. Sie wurde über denselben selbstverstärkenden Mechanismus betätigt, den Bugatti für Deutz konstruiert hatte — und für seine eigenen Fahrzeuge noch bis 1932 verwenden sollte!

Das Aluminium-Getriebegehäuse war über drei (später vier) Ausleger mit dem Rahmen verschraubt und verlieh der simplen Leiterkonstruktion zusätzliche Steifigkeit. Das Vierganggetriebe selbst wurde unverändert aus dem Typ 10 übernommen. An der Getriebeantriebswelle, die zum Hinterachsdifferential führte, saß eine große Trommelbremse, die über ein Fußpedal betätigt wurde.

Die Vorderräder waren an einer einfachen Starrachse aus Doppel-T-Profilstahl und zwei halbelliptischen Blattfedern aufgehängt. An der Hinterachse kamen ebenfalls halb-

OBEN *Ettore Bugattis Mechaniker Ernest Friderich startete beim Großen Preis von Frankreich in Le Mans in der Voiturette-Klasse auf einem Typ 13 und wurde Zweiter hinter Hémery auf einem großen Fiat.*

RECHTS *Dieser wunderschön erhaltene, achtventilige Typ 15 ist der zweitälteste noch existierende Bugatti. Ursprünglich trug der von Madame Bugatti gefahrene Wagen einen geschlossenen Aufbau. Das nackte Fahrgestell wurde 1912 von Colonel Dawson of Lowestoft nach England importiert und mit der abgebildeten Karosserie versehen. 1938 kaufte ihn sein jetziger Besitzer, der den Wagen bis heute fahrbereit erhielt (mit freundlicher Genehmigung der C.W.P. Hampton Collection).*

elliptische Blattfedern zum Einbau — die in der Folgezeit für Bugatti charakteristischen viertelelliptischen Federblätter kamen erst später. Die Handbremse wirkte auf die Innenbacken-Trommelbremsen der Hinterräder.

Das Triebwerk entwickelte schätzungsweise 15 PS und drehte mit Leichtigkeit bis 3000/min — für damalige Verhältnisse fast schon unglaubliche Drehzahlen. Bugatti gab eine Höchstgeschwindigkeit von 100 km/h an, die der leichte Wagen mit Sicherheit auch erreichte.

Der Typ 13 war 1910 auf dem Pariser Automobilsalon auf einem bescheidenen Nischenplatz zu bewundern. Daß trotzdem so viele Interessenten den Stand der Firma Bugatti fanden, lag sicher an den guten Ergebnissen, die der Wagen wenige Wochen zuvor beim Gaillon-Bergrennen erzielt hatte. Nach einem Rennbericht der britischen Zeitschrift *Motor* folgte ein kurzer Test des Wagens durch den Pariser Korrespondenten W.F. Bradley, dessen Text Bugatti in seinem ersten Ausstellungskatalog stellenweise zitierte.

Aus den Werksunterlagen geht hervor, daß die ersten Fahrgestelle die Nummern 361 und 362 trugen und wohl als Vorführwagen dienten. Nummer 363 ging an de Vizcaya, Bugattis Bankier, und Nummer 365 wurde an den Prinzen von Hohenlohe verkauft. Dieser älteste erhaltene Bugatti befindet sich heute übrigens im Technischen Museum von Prag. Fahrgestell Nummer 366 vom Dezember 1910 wurde zunächst mit einer Limousinenkarosserie versehen und auf dem Pariser Salon ausgestellt, danach einige Zeit von Madame Bugatti gefahren und schließlich 1912 an Colonel C.P. Dawson verkauft, der den schweren Aufbau gegen eine leichte Zweisitzerkarosse austauschte, die den Wagen übrigens noch heute ziert.

Von Zeit zu Zeit sah man Bugattis auch bei diversen Straßen- und Bergrennen, wie am Gaillon oder am Mont Ventoux, wo sie in den kleinen Klassen stets vorderste Ränge belegten. 1911 ließ Ettore schließlich einen Wagen in der Voiturette-Klasse des Großen Preises von Frankreich in Le Mans an den Start bringen. Der kleine Bugatti wurde in einem einsamen Rennen Zweiter, obwohl in Wirklichkeit nur der Sieger, Victor Hémery auf Fiat, die gesamte Renndistanz bewältigt hatte. Ein zeitgenössischer Rennbericht verglich die beiden Kontrahenten mit einer Maus und einem Elefanten: „Wenn der Elefant nur einen kleinen Fehler machte, konnte die Maus ihn schlagen. Doch es hat nicht sollen sein, denn die Polizei winkte das Rennen um Punkt 12 Uhr mittags ab, und zu diesem Zeitpunkt hatte die kleine Bugatti-Maus erst 10 der 12 Runden absolviert." Immerhin — 12 Runden wären 648 Kilometer gewesen, und Hémery hatte für die Distanz 7 Stunden und 6 Minuten benötigt.

1913 wurde das Modell durch den Einbau einer Ölpumpe an der Stirnseite des Nockenwellenkastens verbessert, die Kurbelwelle, Pleuel und Ventiltrieb mit Schmiermittel versorgte.

Im gleichen Jahr wurden noch zwei weitere, bedeutende Änderungen vorgenommen. So montierte Bugatti 1913 zum ersten Mal umgedrehte, also „geschobene" Viertelelliptik-Blattfedern an der Hinterachse. Er hatte diese Anordnung, bei der der hintere Rahmenüberhang extrem kurz gehalten werden konnte, im Vorjahr mit dem für Peugeot entwickelten Modell „Bébé" erstmals ausprobiert. Die andere Neuerung betraf den nun ovalen, eigentlich eher eiförmigen Kühler, der lange Jahre ein Erkennungszeichen für die Automobile aus Molsheim sein sollte. Er benutzte nun die Modellbezeichnungen Type 22 und 23 für die so überarbeiteten Typen 15 und 17, während die Version mit dem kurzen Radstand unverändert T13 hieß.

Bugattis Theorie vom geringen Gewicht erwies sich als richtig, denn der Wagen bot trotz seines geringen Hubraums atemberaubende Fahrleistungen, hatte eine gute Straßenlage und war überraschend komfortabel gefedert. Die Schaltung war ein Gedicht und ließ sich dank der verringerten trägen Massen im Getriebe auch ohne Synchronisierungseinrichtung leicht bedienen. „Was kann ein Mann von seinem Wagen mehr verlangen, als daß er es außerhalb von Brooklands mit jedem anderen Automobil aufnimmt," schrieb das britische Blatt *Automotor Journal* am 7. Februar 1914, und auch in Frankreich und Deutschland geizten Journalisten nicht mit lobenden Worten für den kleinen Bugatti. Bald kannte man den Namen Bugatti auch jenseits des großen Teiches, und zahlreiche Legenden und Anekdoten über Ettores frühe Konstruktionen und seine geniale Schaffenskraft nährten den Mythos um die junge Molsheimer Marke.

Im Sommer des Jahres 1914, als bereits die ersten Kriegswolken am Horizont aufzogen, konstruierte Ettore einen größeren Zylinderblock mit 69 mm Bohrung und vier Ventilen pro Brennraum, der zusammen mit einem neuen Ventiltrieb auf dem bestehenden Kurbelgehäuse montiert werden konnte. Dieser Motor hätte korrekterweise Typ 27 heißen müssen, doch die Fahrgestelle behielten ihre alten Bezeichnungen T13, 22 und 23. Dieses *seize soupapes*-Triebwerk war für den Einsatz beim Großen Preis der Leichtkraftwagen bestimmt, der am 23. August 1914 in Clermont-Ferrand ausgefochten werden sollte. Es wurde in zwei oder drei Fahrzeuge eingebaut. Das Rennen fand jedoch nicht statt, weil am 4. August der Erste Weltkrieg ausbrach. Ettore flüchtete in das damals neutrale Italien, nicht jedoch, ohne zuvor die schnellen Motoren (wahrscheinlich jedoch nur die Zylinder und Zylinderköpfe) in seinem Garten vergraben zu haben.

Nach dem Krieg, im Jahre 1919, förderte er die Teile wieder zutage und bereitete erneut drei Fahrgestelle für den Renneinsatz vor. Während des Krieges hatte er zunächst in Italien und dann in Paris 8- und 16-Zylinder-Flugmotoren für Diatto und Delaunay konstruiert. Die Pläne für einen weiteren 16-Zylinder verkaufte er der amerikanischen Regierung, die den Boliden bei Duesenberg in New Jersey produzieren ließ.

1919 wurde auch die Serienproduktion der Achtventilmodelle mit 66 mm Bohrung wiederaufgenommen (Fahrgestellnummern 738 bis 843, bis Juli 1920). Die Fertigung

LINKS *1913 verbesserte Bugatti das Schmierungssystem des Achtventilers und führte den ovalen Kühler sowie die geschobenen Viertelelliptikfedern an der Hinterachse ein. Dieser Typ 22 von 1914 war bereits durch mehrere Besitzerhände gegangen, bevor er kurz vor dem Zweiten Weltkrieg noch eine späte Karriere als Rennwagen begann. Er wurde 1967 gerettet, restauriert und mit einer originalgetreu nachempfundenen Karosserie versehen (mit freundlicher Genehmigung der C.W.P. Hampton Collection).*

RECHTS *Das Team der drei Sechzehnventiler-Rennwagen vom Typ 13 nach dem Erfolg in der 1,4-Liter-Voiturette-Klasse im Großen Preis von Frankreich 1920. Ettore hält sich im Hintergrund, der Sieger Friederich sitzt im rechten, de Vizcaya im linken und der fünftplazierte Baccioli, Bugatti-Vertreter in Mailand, im mittleren Wagen. Erst nach über fünfzig Jahren wurde bekannt, daß an de Vizcayas Wagen eine Pleuelstange abgerissen war. Um dies vor Presse und Öffentlichkeit geheimzuhalten hatte Ettore eine Disqualifikation erwirkt, indem er beim nächsten Boxenstopp „aus Versehen" Kühlwasser nachzufüllen begann.*

SEITEN 14/15 UND OBEN *Dieser Typ 13 „Torpedo" von 1925 wurde unter Verwendung zahlreicher Originalteile auf einem nachgefertigten Rahmen akribisch wiederaufgebaut. Diese späten Typ 13 verfügten über rollengelagerte Kurbelwellen und Trommelbremsen auch an den Vorderrädern; außerdem war das Lenkgetriebe auf einem Kurbelgehäuseausleger montiert. Die kleinen Wagen waren unglaublich schnell, und in der Mitte der zwanziger Jahre gab es kaum ein Automobil, das es mit ihnen bei Straßen- oder Bergrennen hätte aufnehmen können (mit freundlicher Genehmigung von Mr D.R. Marsh).*

der Sechzehnventiler-Serie begann erst im Herbst 1920, anfangs mit 68 mm, später dann mit 69 mm Bohrung. Produktionslizenzen gingen zunächst an die Firmen Diatto in Italien, dann auch an Rabag in Deutschland und Crossley im englischen Manchester. Die Tantiemen brachten zwar etwas Geld in die Molsheimer Kassen, doch war keiner der Lizenzkonstruktionen ein nennenswerter Erfolg beschieden.

Der größte Publicityerfolg des Jahres 1920 war zweifellos der Bugatti-Sieg beim Voiturette-Grand-Prix in Le Mans, den Friderich mit einer Durchschnittsgeschwindigkeit von 92,7 km/h errang. Baccioli wurde auf dem anderen Bugatti Fünfter. Noch spektakulärer vollzog sich der Auftritt der Bugatti-Rennwagen in Brescia im Jahr darauf, wo die Molsheimer die ersten vier Plätze belegten. Sieger wurde abermals Friderich mit einer schier unfaßbaren Durchschnittsgeschwindigkeit von 116 km/h. Bei den Rennwagen handelte es sich um Fahrzeuge vom Typ 13 mit rollengelagerten Kurbelwellen und Pleueln, die dem Modell zu dem Beinamen „Brescia" verhalfen. Die an Privatfahrer verkaufte Serienversion des Brescia-Rennwagens verfügte zwar ebenfalls über eine rollengelagerte Kurbelwelle, doch an den Pleuelfüßen kamen hier Gleitlager zum Einsatz. Die Motoren der Tourenmodelle vom Typ 22 und 23 erfuhren ähnliche Verbesserungen und wurden fortan unter der Bezeichnung „Brescia modifiée" verkauft. Um die Fahrersitzposition weiter nach vorne zu rücken, war das Lenkgetriebe bei diesen Modellen auf einem der vier Ausleger des Kurbelgehäuses montiert.

Zirka 40 „echte" Brescia-Modelle mit kurzem Radstand, zwei Magnetzündern an der Motorspritzwand und Torpedo-Karosserien wurden an Privatfahrer verkauft. Henry Segrave hatte eigens für das Brooklands-Rennen einen älteren Le-Mans-Typ von 1920 erworben, doch Raymond Mays hatte das jüngere Brescia-Modell und gewann zwischen 1922 und 1924 unzählige britische Straßen- und Bergrennen auf seinem *Cordon Rouge* (später auf dem *Cordon Bleu*). Auf der Brooklands-Strecke erreichte der Wagen mühelos 160 km/h, und Leon Cushman belegte beim 200-Meilen-Rennen des Junior Car Club mit einer Durchschnittsgeschwindigkeit von 146 km/h den zweiten Platz!

Spektakuläre Rennerfolge festigten das hervorragende Image der Bugatti-Sportwagen und täuschten über die schlechten Bremsen, die ständig verölenden Zündkerzen und den ruppigen Lauf der etwas vernachlässigten Tourerversionen hinweg.

Stellvertretend für die Pressestimmen über den Bugatti *seize soupapes* hier ein Ausschnitt aus dem Testbericht des britischen Magazins *Light Car:*

„Man darf wohl ohne Übertreibung behaupten, daß jemand, der an nervösen, spritzigen Sportwagen Gefallen findet, sich mit dem Bugatti auf Anhieb prächtig verstehen wird. Mit seinem enggestuften Vierganggetriebe und dem etwas niedertourigen, aber sehr kräftigen 1,5-Liter-Sechzehnventiler läßt sich der Wagen mit einer bemerkenswerten Leichtigkeit bewegen, wobei er auf jede noch so kleine Bewegung von Lenkrad oder Pedalen stets so spontan reagiert, daß man sich in einem viel größeren und teureren Sportwagen wähnt — etwa einem Bentley oder einem Vauxhall 30/98 hp —, die sich in diesen krisengeschüttelten Jahren jedoch außerhalb der finanziellen Reichweite des Durchschnitts-Automobilisten befinden dürften. Im normalen Straßenverkehr benimmt sich der Bugatti keinen Deut anders als ein ordinäres Automobil. In der Stadt wird der Fahrer die meiste Zeit den ersten Gang benutzen (der ihn jedoch in kürzester Zeit mit durchdrehenden Rädern auf über 30 km/h katapultieren kann), da der zweite Gang mit einer Übersetzung von 6 : 1 etwas zu lang geraten ist. Bei gemütlicher Fahrweise kann der direkte Dritte schon ab 30 km/h eingelegt werden, doch ist das Triebwerk bei diesen Drehzahlen noch nicht so recht bei Kräften. Das ändert sich jedoch schlagartig, wenn man die 50-km/h-Marke überschreitet. Nun soll mal einer versuchen, den Bugatti zu überholen! Man schnippt den zweiten Gang hinein, tritt aufs Gaspedal, und man sitzt nicht länger in einem normalen Automobil, sondern in einem Bugatti. Der Motor kommt überraschend schnell auf Touren, das wohltuende dumpfe Auspuffgeräusch schwillt zu einem kernigen Brummen an und der Wagen schnellt vorwärts. Im zweiten Gang sind problemlos 65 km/h möglich, und der Dritte reicht mit Leichtigkeit über 80 km/h. Wir erreichten in Brooklands mit zwei Personen und ganz leichtem Rückenwind über die Meile mit fliegendem Start mühelos 100 km/h.

Der größte Vorzug des Bugatti ist jedoch zweifellos seine exzellente Straßenlage, vor allem die Lenkung zählt zum Besten, was wir je in unseren Händen halten durften. Die hinteren Federn — geschobene Viertelelliptikfedern — schwingen sich bei welliger Fahrbahn nicht auf und vermitteln auch bei groben Stößen kein schwammiges Gefühl. Sie zeigten sich jeder Situation gewachsen, reagierten feinfühlig auf jede Unebenheit und hielten die Antriebsräder stets fest am Boden. Der Bugatti kann sorglos um enge Kurven getrieben werden, ohne daß man ein Ausbrechen der Vorder- oder Hinterräder zu befürchten hätte. Der Wagen fährt stets dahin, wohin sein Fahrer ihn dirigiert."

Ein anderer Bericht, der 1923 in der Zeitschrift *The Autocar* erschien, zeigt deutlich, daß der gute Ruf der Firma Bugatti trotz der zahlreichen kleinen Unzulänglichkeiten ihrer Produkte nie ernsthaft gefährdet war.

„Der Enthusiast hungert nach einem Interview mit dem genialen Konstrukteur, bei dem man zunächst eine halbe Stunde andächtig staunend mit offenem Mund dasitzt, und dann etwas zaghaft kritische Fragen zu stellen beginnt, auf die der große

Dieser Typ 23 „Brescia modifiée" mit langem Radstand wurde 1925 an den Bankier Leo d'Erlanger ausgeliefert, der den Wagen in seiner Wahlheimat Tunesien bewegte. Der Wagen ging durch viele Hände, bevor er 1961 mit einer nachgefertigten Karosserie neu aufgebaut wurde. Die späten Brescias kombinierten die besten Eigenschaften von Tourer und Sportwagen (mit freundlicher Genehmigung von Mr und Mrs J. White).

Typ 13, 22 und 23 (Brescia), Sechzehnventiler

Bauzeitraum	1920 bis 1926
Stückzahl	2000

MOTOR

Typ	Zylinderblock mit angegossenem Zylinderkopf, hängende Ventile
Zylinderzahl	4
Bohrung/Hub (mm)	66/68/69 x 100
Hubraum (ccm)	1368/1453/1496
Ventilbetätigung	gekrümmte Stößelstangen, 4 Ventile pro Brennraum
Zündkerzen	1 oder 2 pro Brennraum
Kompressor	Nein
Vergaser	Serie 1 Zenith
Leistung (PS)	zirka 40 bis 50

KRAFTÜBERTRAGUNG

Kupplung	Lamellen-Naßkupplung
Getriebe	Schaltgetriebe 4+R, Kulissenschaltung

FAHRGESTELL

Radstand	T13: 2000 mm; T22: 2400 mm; T23: 2550 mm
Spur	1150 mm
Federung vorn	Halbelliptik-Blattfedern
Federung hinten	geschobene Viertelelliptik-Blattfedern
Bremsen	1920 bis 24 Trommelbremsen, an den Hinterrädern per Hand, am Getriebe per Fuß betätigt, ab 1925 Vierradbremse
Reifengröße	710 x 90
Räder	Rudge-Drahtspeichenräder

FAHRLEISTUNGEN

Höchstgeschw.	100 bis 120 km/h

Meister selbstverständlich stets die passenden Antworten parat hat. Doch bevor ich mich in bissigen Worten verliere, lassen Sie mich noch rasch gestehen, daß ich nie ein Automobil bewegt habe, das meine uneingeschränkte und respektvolle Hochachtung so sehr verdiente wie der Bugatti. Wenn es je ein schönes Automobil gegeben hat, dann dieses.

Dieses faszinierende Triebwerk, thermisch gesund, stets startfreudig und erstaunlich klopffest, wird von einem der besten Getriebe unterstützt, das man sich vorstellen kann. Ich glaube, Bugatti-Experten empfehlen für das Hochschalten aus dem ersten in den zweiten Gang eine kleine Pause oder gar Zwischenkuppeln, aber wer sich in der Getriebebedienung nicht so gut auskennt und sich trotzdem geniert, vor versammelter Mannschaft mit den Getriebezähnen zu knirschen, der kann es sich auch leicht machen und den Schalthebel ohne Tricks und Kniffe einfach mit einem Finger in die gewünschte Position ziehen, und der Gang ist drin. Obwohl keine Kupplungsbremse eingebaut ist, funktioniert das Ganze bei jeder Motordrehzahl und bei jeder Fahrgeschwindigkeit, und nur das veränderte Auspuffgeräusch weist darauf hin, daß man soeben das getan hat, was bei einigen anderen Automobilen nur allzu oft in einen Zweikampf mit dem Schalthebel ausartet: Man hat einen Gang gewechselt.

Die Getriebezahnräder der unteren Gänge laufen nicht besonders geräuscharm, aber die Franzosen lachen nur bei solcher Kleinlichkeit und weisen darauf hin, daß die Auspuffnote eines gesunden Motors ohnehin alle anderen Geräusche übertönt.

Die Gemeinde der schnellen Fahrer ist offenbar in zwei verschiedene Lager gespalten. Die einen verlassen sich voll und ganz auf die Bremsen und verlangen nach französischer Mode lautstark nach Bremsen an allen vier Rädern, so daß sie die Fuhre aus jeder beliebigen Geschwindigkeit innerhalb weniger Meter zum Stillstand bringen können. Den Anhängern des anderen Lagers gilt bereits das bloße Berühren des Bremspedals als Schande. Für sie sind Bremsen das wirklich allerletzte Mittel, eine brenzlige Situation wieder auszubügeln, und der Fahrer sollte nach ihrer Meinung die Geschwindigkeit seines Wagens allein mit Hilfe des Gaspedals und der Gangschaltung bestimmen. Ettore Bugatti zählt zweifellos zu den Letzteren, es sei denn, die Bremsanlage wäre die Achillessehne seines Genies, und er mäße den Bremsen schlechterdings keine Bedeutung zu."

Solche unverhohlene Kritik konnte Bugatti natürlich nicht auf sich sitzen lassen, und so beeilte er sich, die Bremsanlage des bislang nur von Hinterrad- und Kardanbremse verzögerten Brescia auf den neuesten Stand der Technik zu bringen.

Der Brescia in all seinen verschiedenen Versionen wurde nichtsdestotrotz zum meistgebauten Bugatti: Zwischen 1920 und Sommer 1926 dürften um die 2000 Exemplare entstanden sein. Die in den letzten Produktionsjahren gebauten Fahrzeuge präsentierten sich in vielen Details verbessert und zivilisiert, mit kompletter elektrischer Ausstattung, ausgezeichneten Vierradbremsen und einem phantastischen Triebwerk.

Molsheimer Experimente

Bugattis Interesse an Achtzylindermotoren war offenbar von einem Experimentalfahrzeug geweckt worden, das er um das Jahr 1912 gebaut hatte, und bei dem als Antriebsquelle zwei in Reihe gekoppelte *huit soupapes*-Vierzylindermotoren vorgesehen waren. Über die weitere Entwicklung dieses Fahrzeugs ist nichts Näheres bekannt, doch 1915 konstruierte er einen Achtzylinder-Flugmotor für die italienische Firma Diatto, der auf dem Prüfstand hervorragende Leistungen erbrachte. Der Bau eines achtzylindrigen Automobils war somit nur noch eine Frage der Zeit gewesen, und tatsächlich machte er sich unmittelbar, nachdem er nach Kriegsende seine Fabrik in Molsheim wieder betreten durfte, an die Arbeit an einem solchen Fahrzeug. Auf die Geschichte der Achtzylinder-Bugattis wird im folgenden Kapitel näher eingegangen.

Ein Entwicklungsschwerpunkt vor dem Ersten Weltkrieg lag für die Firma Bugatti in der Konstruktion einiger schwerer, kettengetriebener Fünfliter-Wettbewerbsmodelle. Das Fahrgestell des ersten Prototyps stammte aus dem Deutz, den Ettore 1909 und 1910 bei der Prinz-Heinrich-Fahrt eingesetzt hatte. Der erste großvolumige Rennwagen aus Molsheim trug die Fahrgestellnummer 471 und entstand 1912. Ettore bewegte ihn persönlich bei verschiedenen Rundstrecken- und Bergrennen, unter anderem auch am Mont Ventoux. Es scheint, als ob er Chassis und Antriebsstrang komplett oder nur wenig verändert aus dem Deutz übernommen und lediglich ein neues Triebwerk (Typ 16) eingebaut hatte. Ein Exemplar dieser schnellen Wagen (Fgst.-Nr. 474) sicherte sich der berühmte französische Jagdflieger Roland Garros, mit dem sich Ettore rasch anfreundete. Garros hatte sich bereits vor dem Ersten Weltkrieg als tollkühner Pilot einen Namen gemacht, indem er zum Beispiel als erster das Mittelmeer überflog. Im Krieg wurde er abgeschossen und gefangengenommen, doch es gelang ihm, sich zu befreien und zu seiner Einheit durchzuschlagen. Kurz darauf saß er schon wieder im Cockpit, wurde jedoch tragischerweise noch in den letzten Kriegstagen in einem Luftkampf getötet. Garros' Wagen kam nach England, wo er in gute Hände geriet, die ihn bis zum heutigen Tag, mittlerweile neu karossiert, in exzellentem Zustand erhielten. Es entstanden noch drei weitere dieser kettengetriebenen Rennwagen, offenbar auf Drängen der Firma Peugeot, die für die Saison 1912 noch einen Gegner für ihren eigenen, von Ernest Henry konstruierten Grand-Prix-Rennwagen suchte. Aus zeitgenössischen Aufzeichnungen geht hervor, daß der Bugatti dem Peugeot jedoch leistungsmäßig unterlegen war. Der 5,2-Liter-Bugatti hatte bei reinen Geschwindigkeitsrennen mit einer Endgeschwindigkeit von 160 km/h keine Chance gegen den 7,6 Liter großen Peugeot, der es auf 185 km/h Spitzengeschwindigkeit brachte. Ein Kuriosum am Rande: Das Werk Molsheim nannte als Produktionsjahr der drei Rennwagen 1914, nicht 1912. Das könnte bedeuten, daß Ettore für den Zweikampf mit Peugeot ein Einzelstück verwendet hatte, und die drei angesprochenen Rennwagen tatsächlich erst später entstanden.

Ein Fünfliter-Rennwagen mit Kardanwellenantrieb zur Hinterachse fiel nach 20 Runden beim 500-Meilen-Rennen von Indianapolis, USA, aus. Im Jahr darauf wurde ein weiterer Wagen nach Amerika verschifft (Deutschland und die USA befanden sich zu diesem Zeitpunkt noch nicht im Kriegszustand), der in Indianapolis zwar ebenfalls ausfiel, dafür jedoch in der Folgezeit regelmäßig bei Rennveranstaltungen in Kalifornien eingesetzt wurde. Den dritten Wagen nahm Bugatti mit nach Italien, als er Molsheim im September 1914 verließ, und zumindest das Chassis blieb im Familienbesitz, bis es 1965 an die Sammlung der Gebrüder Schlumpf in Mulhouse verkauft wurde.

Ungeachtet der bescheidenen Wettbewerbserfolge des „Garros-Modells" verdient dessen Motor besondere Beachtung, denn es handelte sich dabei um das erste Bugatti-Triebwerk mit drei Ventilen (zwei Einlaß-, ein Auslaßventil) pro Brennraum — Ettore sollte übrigens bis 1930 noch verschiedene Motoren mit einer solchen Ventilkonfiguration bauen. Der Rest des Triebwerks entsprach der Vorstellung von einer typischen Bugatti-Konstruktion: Waagerecht geteiltes Kurbelgehäuse, Zylinderblock mit angegossenem Zylinderkopf und Königswellenantrieb der obenliegenden Nockenwelle, wobei

„Black Bess" ist wahrscheinlich der berühmteste frühe Bugatti. Der Wagen erhielt den Kosenamen von einem seiner Besitzer, Ivy Cummings, der ihn in den zwanziger Jahren in Brooklands an den Start brachte. Der ursprünglich im September 1913 an den französischen Jagdflieger Roland Garros ausgelieferte Rennwagen ist einer der beiden noch existierenden kettengetriebenen Vorkriegs-Fünfliterwagen. Neben Garros und Cummings zählte auch der Sunbeam-Konstrukteur Louis Coatalen zu seinen Besitzern, der ihn erst 1948 weiterverkaufte (mit freundlicher Genehmigung der C.W.P. Hampton Collection).

die senkrecht hängenden Ventile jedoch über Kipphebel betätigt wurden. Wasserpumpe und Zündmagnet saßen wieder auf einer waagerechten Querwelle, doch gestattete eine Verbreiterung der Querwellen-Schrägverzahnung nun eine Zündzeitpunktverstellung durch seitliches Verschieben des Magneten. Beim ersten Fahrzeug (Fahrgestellnummer 471) drehte sich die Kurbelwelle noch in fünf Gleitlagern, bei Garros' Ausführung (Fahrgestellnummer 474) nur noch in dreien. Bei der ersten Version hatte Bugatti noch auf die antiquierte "Tröpfchenschmierung" vertraut, bei der das Öl über eine von der Nockenwelle angetriebenen Pumpe aus einem Tank in den Motor befördert wurde, um

dann als sogenanntes Verlustöl aus dem engen Kurbelgehäuse in einen seitlichen Öltank gepreßt zu werden. Dieses für frühe Bugatti-Konstruktionen typische Schmierungsprinzip war bei Garros' Wagen bereits durch ein Düsensystem an Kurbelwelle und Pleuellagern ersetzt.

Die Verbindung zwischen Motor und Getriebe stellte eine Bugatti-Lamellenkupplung her, die wie der komplette Antriebsstrang große Ähnlichkeit mit den beim kettengetriebenen Typ 8 (Deutz) verwendeten Bauteilen hatte. Das Fahrgestell verfügte über zwei Paar Vorderachsfedern und geschobene viertelelliptische Blattfedern an der Hinterachse. Verzögert wurde der Wagen wie der Deutz über eine fußbetätigte Getriebebremse und handbetätigte Hinterradbremsen.

Dieser Fünfliter-Bugatti wartete mit atemberaubenden Fahrleistungen auf und konnte beispielsweise mit 125 km/h Dauergeschwindigkeit bewegt werden, wobei der Motor mit entspannten 1800/min vor sich hin schnurrte. Sehr wahrscheinlich war es auch dieses Modell, das Bugatti vor kritischen Bemerkungen über unterdimensionierte Bremsen angeblich einmal mit den Worten in Schutz genommen haben soll: „Ich baue Autos zum Fahren, nicht zum Anhalten!"

Die Bugatti-Tourer

Ein typischer Bugatti-Ausstellungsstand auf dem Pariser Salon im Grand Palais, hier im Oktober 1926. Allein die Namen auf den Transparenten wecken Erinnerungen an vergangene Zeiten. Nur wenige Marken haben überlebt: Lancia, Fiat, Citroen ... Bugatti präsentierte seinen neuen Typ 40 mit 1,5-Liter-Motor, noch mit kurzem Radstand und einer Molsheimer Fiacre-Karosserie. Im Vordergrund ein mit Medaillen bedeckter T35-Rennwagen. Man vergleiche den schlichten Stand mit dem heute auf Automobilausstellungen getriebenen Aufwand!

Bereits seit Beginn der Molsheimer Ära hatte Ettore Bugatti davon geträumt, große, luxuriöse Automobile mit seinem Namen am Kühlergrill zu produzieren, doch er wußte nur zu gut, daß ihm für ein solches Unternehmen die nötigen Mittel fehlten. Durch den Gewinn aus den für den Kriegseinsatz konstruierten Flugmotoren kam jedoch wieder etwas Geld in die Kasse, und als er im Jahre 1919 seine Fabriktore wieder öffnen durfte, machte er sich unverzüglich an die Arbeit an einem Dreiliter-Achtzylindermotor (Typ 28) mit 69 mm Bohrung und 100 mm Hub, der auf dem noch vor dem Krieg konstruierten 1,5-Liter-Vierzylinder vom Typ 27 basierte.

Ein solcher Motor wurde in einem nackten Fahrgestell auf den Automobilausstellungen in Paris und London präsentiert, wo er für einiges Aufsehen sorgte. Leider erlaubte Bugattis Finanzlage vorerst nicht, diese Konstruktion zu vollenden. Das Triebwerk bestand im wesentlichen aus zwei aneinandergefügten Dreiventil-Zylinderblöcken, über denen ein durchgehendes Nockenwellengehäuse aus Aluminium montiert war. Die neunfach gelagerte Kurbelwelle war zweiteilig ausgeführt, um das Antriebszahnrad für die Königswelle einfügen zu können, die zwischen den beiden Zylinderblöcken nach oben führte.

Die „Bananenstößel" der früheren Bugatti-Konstruktionen waren zwei Reihen von Kipphebeln gewichen, die über eine Hebelwirkung die Ventilaushebung im Vergleich zum Nockenhub um 40 % vergrößerten. Die Kipphebel saßen auf zwei parallelen, von Drucköl aus einer Zahnradpumpe geschmierten Wellen. Das austretende Öl sammelte sich im Nockenwellenkasten und wurde an die Nockenwellenlager geleitet.

Eine Querwelle zwischen den beiden Zylinderblöcken trieb die linksseitig montierte Wasserpumpe und den gegenüberliegenden Magnetzünder an. Die beiden Vergaser hatte Ettore selbst entwickelt, doch anscheinend mit wenig Erfolg, denn er tauschte sie bald gegen Zulieferteile von Zenith oder Solex aus.

Das Zweiganggetriebe war in das Hinterachsgehäuse integriert. Bugatti hatte eine besondere Vorliebe für diese Konstruktion, vermutlich wegen der guten Erfahrungen, die er mit einem ähnlichen, rahmenfest montierten Getriebe in seinen kettengetriebenen Wagen gemacht hatte. Ein weiteres bemerkenswertes Fahrwerksdetail waren die Leder-

Magnetzünder, sondern die Ölpumpe an. Da die ersten Exemplare ohnehin für den Rennsport gedacht waren, saßen die beiden von der Nockenwelle angetriebenen Zündmagneten in einem separaten Gehäusekorb an der Motorspritzwand. Um die Magneten mit Kurbelwellendrehzahl laufen zu lassen, war ein kleines Zahnradgetriebe mit einem Übersetzungsverhältnis von 2:1 vorgeschaltet.

Die Kurbelwelle drehte sich in drei doppelreihigen, selbstzentrierenden Kugellagern, wobei die Welle wiederum teilbar ausgeführt war, um eine Demontage des mittleren Lagers zu gestatten. Das Schmieröl für die gleitgelagerten Pleuelfüße wurde in Kanäle in den Kurbelwangen gedrückt und von der Fliehkraft zu kleinen Bohrungen in den Lagerzapfen befördert.

Die beiden Kurbelwellenhälften mit je 180 Grad Hubzapfenversatz waren an ihrer Nahtstelle um 90 Grad versetzt aneinandergefügt, so daß sich zwar eine regelmäßige 90-Grad-Zündfolge ergab, die jedoch nicht den gewünschten positiven Einfluß auf den Massenausgleich der Welle hatte. Die Bugatti-Achtzylinder sollten erst 1929 eine laufruhigere Kurbelwellenteilung erhalten. Das fest mit dem Fahrzeugrahmen verschraubte Aluminiumguß-Kurbelgehäuse war nicht waagerecht unterteilt, sondern besaß an der Stirnseite ein großes Lagerschild, das den Einbau der langen Kurbelwelle von vorn ermöglichte.

Zwei Zenith-Vergaser versorgten je einen Zylinderblock mit zündfähigem Gemisch. Ebenfalls zylinderblockweise zusammengefaßt waren die attraktiv geformten Auspuffkrümmer, die in eine Doppelrohranlage mündeten.

Kupplung und Getriebe stammten aus dem 1,5-Liter-Sechzehnventiler und vertrugen den Drehmomentzuwachs offenbar problemlos. Später wurde das Getriebe mit stärker dimensionierten Zahnrädern versehen, behielt jedoch das Konstruktionsprinzip der „schnellaufenden Vorgelegewelle" bei. Nicht verändert wurde das ungewöhnliche Schaltschema, bei dem der Erste und der Rückwärtsgang hinten, der zweite und dritte Gang dagegen vorne lagen. Das Hinterachsgehäuse übernahm Ettore aus den kleineren Modellen, versah es jedoch mit stärkeren Viertelelliptik-Blattfederpaketen und längeren Achsrohren zur Verbreiterung der Spurweite.

RECHTS *Wie alle Bugatti-Achtzylindermotoren zwischen 1920 und 1932 war auch das Triebwerk des Typ 30 ein aufgeräumtes Stück kantig verpackter Technik: Zwei Vierzylinderblöcke mit einem gemeinsamen Gehäuse für die obenliegende Nockenwelle, die pro Brennraum zwei Einlaß- und ein Auslaßventil betätigte. Typisch für Bugatti auch die in Vierergruppen zusammengefaßten Auspuffkrümmer und das fest mit den Rahmenlängsträgern verschraubte Kurbelgehäuse. Der Typ 30 verfügte über eine Motorspritzwand aus Aluminiumguß, an der Anlasser und Lichtmaschine befestigt waren.*

gelenke an den Lenkhebelverbindungen, die Abschmierpunkte einsparen halfen und in gewisser Weise die später aufkommende Verwendung von Kunststoffbuchsen vorwegnahmen.

Bugatti hatte zweifellos mit dem Gedanken gespielt, den Dreiliter-Tourer eines Tages zum Dreiliter-Rennwagen umzubauen, zumal dieser genau in die Hubraumbegrenzung für Grand-Prix-Rennen in den Jahren 1920 und 1921 gepaßt hätte. Für 1922 wurde die Hubraumgrenze jedoch auf 2 Liter gesenkt, und Ettore mußte sich etwas Neues einfallen lassen.

Der Typ 30 Achtzylinder

Als Reaktion auf die neue 2-Liter-Hubraumklasse entstand in Molsheim ein neues Triebwerk (Typ 29/30), das zunächst auf ein langes Brescia-Fahrgestell mit entweder 2400 mm (Typ 22) oder 2550 mm (Typ 23) Radstand montiert wurde. Wenig später konstruierte Ettore jedoch ein neues, verstärktes Chassis mit 2850 mm Radstand. Es gibt Hinweise darauf, daß sich die Bezeichnung Typ 29 auf eine 1,5-Liter-Version des Zweilitermotors bezog, die jedoch nie produziert wurde.

Der Motor des Typ 30 wies gegenüber seinem direkten Vorgänger Typ 28 einige wichtige Verbesserungen auf. Bohrung und Hub der beiden Vierzylinderblöcke betrugen 60 × 88 mm. Zwar wurden die drei Ventile (zwei Einlaß- und ein Auslaßventil) pro Brennraum weiterhin über Kipphebel von einer obenliegenden Nockenwelle betätigt, doch befand sich der Königswellenantrieb nun an der Motorstirnseite. Die Querwelle war mit nach vorne gewandert und trieb zunächst neben der Wasserpumpe nicht den

Die gewaltigen Trommelbremsen an der Hinterachse wurden mechanisch betätigt, die etwas kleineren an den Vorderrädern dagegen über ein von Bugatti entwickeltes Hydrauliksystem. Leider hielt der Dichtring des Hauptbremszylinders meist nicht, was er versprach, und so waren normalerweise mehrere Pedalhübe notwendig, um die Backen zum Greifen zu bringen. Die hydraulische Betätigung sollte alsbald gegen den Seilzugmechanismus aus den späten Brescia-Modellen ausgetauscht werden.

Die Entwicklung dieses Modells zum Rennwagen wird zwar detailliert im nächsten Kapitel beschrieben, doch sollte an dieser Stelle nicht verschwiegen werden, daß der Wagen auf dem Pariser Salon 1923 von der Presse, und ab 1923/24 auch von den zahlreichen Käufern gelobt wurde. Drei der ersten Exemplare gingen nach England, davon einer an Lord Carnarvon und einer an den Parlamentsabgeordneten Sir Robert Bird, der in einem Brief an Ettore wahre Loblieder auf den Wagen sang — zu diesem Zeitpunkt war allerdings seine Urlaubsfahrt nach Südfrankreich noch nicht wegen eines Lagerschadens ins Wasser gefallen . . .

Der Typ 38: Ein eher bescheidener Erfolg

Die Probleme bei der Entwicklung seiner Rennwagen und die für den Grand Prix in Lyon 1924 vorgenommenen motorseitigen Verbesserungen (am T35) ließen Bugatti über einen Nachfolger des Typ 30 nachdenken, obwohl dieser erst 1924/25 durch einen robusteren Rahmen und gute Vierradbremsen aufgewertet worden war.

Der Typ 38 erschien im Frühjahr 1926 und erwies sich als ein bis auf den Motor völlig neues Fahrzeug. Zylinderblöcke, Ventiltrieb und Lager hatte man unverändert aus

Typ 30 Tourer	
Bauzeitraum	1922 bis 1926
Stückzahl	600

MOTOR

Typ	Zwei Vierzylinderblöcke mit angegossenen Zylinderköpfen, obenliegende Nokkenwelle, wälzgelagerte Kurbelwelle, gleitgelagerte Pleuelfüße
Zylinderzahl	8
Bohrung/Hub (mm)	60 x 88
Hubraum (ccm)	1991
Ventile	2 Einlaß-, 1 Auslaßventil pro Brennraum
Zündkerzen	1 pro Brennraum
Kompressor	Nein
Vergaser	2 Zenith
Leistung (PS)	zirka 75 (Tourer), 100 (Rennwagen)

KRAFTÜBERTRAGUNG

Kupplung	Lamellen-Naßkupplung
Getriebe	Schaltgetriebe 4+R, Kulissenschaltung

FAHRGESTELL

Radstand	2550 mm 2830 mm
Spur	1200 mm
Federung vorn	Halbelliptik-Blattfedern
Federung hinten	geschobene Viertelelliptik-Blattfedern
Bremsen	1920 bis 24 Trommelbremsen, vorne hydraulisch, hinten seilzugbetätigt, ab 1925 vorne und hinten seilzugbetätigt
Reifengröße	765 x 105, 820 x 120
Räder	Rudge-Drahtspeichenräder

FAHRLEISTUNGEN

Höchstgeschw.	120 bis 145 km/h

Bugattis erster in Serie produzierter Achtzylinderwagen, das Zweilitermodell Typ 30, war der Urvater des legendären Grand-Prix-Rennwagens Typ 35. Die ersten Typ 30 verfügten über unzuverlässige hydraulisch betätigte Trommelbremsen in den Vorderrädern. Später griff man reumütig auf die im Brescia bewährten Seilzugbremsen zurück. Die Karosserie aus den Ateliers der Carosserie Moderne in Straßburg ist mit ihrem geteilten Innenraum und den Mahagoniumrandungen typisch für die zwanziger Jahre (mit freundlicher Genehmigung von Herrn M.Raahauge).

dem Typ 30 übernommen, lediglich das Kurbelgehäuse war nun wie beim T35-Rennmodell in Höhe des Mittellagers senkrecht unterteilt. Der Magnetzünder hatte ausgedient — an seiner Stelle kam eine Spulenzündung zum Einsatz, die über einen von der Nockenwelle angetriebenen Delco-Verteiler gesteuert wurde. Die Ölpumpe hatte man bereits bei den letzten T30 an die vordere Stirnseite des Motors versetzt, wo sie über einen Schneckentrieb direkt von der Kurbelwelle angetrieben wurde.

Das völlig neue, längere Chassis aus stärker dimensionierten Trägern verfügte wieder über die typischen geschobenen, viertelelliptischen Blattfedern an der Hinterachse, deren Achsgehäuse nun jedoch einen runden Querschnitt hatte und wie bei den Rennwagen poliert war. Die vier großdimensionierten Bremsen wurden von einem perfekt abgestimmten Seilzugsystem betätigt, woran sich auch in den folgenden Jahren nichts ändern sollte. Die vorderen Bremsseile verliefen über die Achsschenkelbolzen hinweg, wodurch sich beim unvermeidlichen Kippen der Achse bei starker Verzögerung ein gewisser Selbstverstärkungseffekt ergab.

Bugatti spendierte dem neuen Wagen auch ein neues Getriebe, diesmal jedoch in konventioneller Bauweise mit langsamlaufender Vorgelegewelle, das über einen Mittelschalthebel nach orthodoxem Schema (Erster nach vorn, Vierter nach hinten) geschaltet wurde. Zahnräder, Wellen und Lager waren sämtlich größer dimensioniert und damit schwerer, und mit dem vielgelobten, federleichten Bedienungskomfort war es leider vorbei. Dasselbe Getriebe sollte bis 1934 noch in verschiedenen Sport- und Tourenmodellen Verwendung finden.

Hinterachsgetriebe, Differential und Differentialgehäuse stammten aus dem T35-Rennwagen bzw. dem späten T30, wurden jedoch mit längeren Achsrohren und stärker dimensionierten Naben kombiniert. An beiden Achsen wurden Hartford-Reibungsstoßdämpfer verwendet, und eine komplette elektrische Anlage gab es serienmäßig. Eine Besonderheit war der Dynastarter vor dem Motor, der die Kurbelwelle geräuschlos auf Drehzahl brachte.

Ein wohlwollender Fahrbericht in der Zeitschrift *The Motor* vom August 1926 unterstrich zwar echte Qualitäten wie die guten Bremsen und die gefühlvolle Lenkung, lobte jedoch unverständlicherweise auch das Getriebe. Als Höchstgeschwindigkeit waren in Brooklands bescheidene 117 km/h gemessen worden, und im Schlußsatz ihres Berichts empfahlen die Tester den Typ 38 allen „echten Enthusiasten, die gerne regen Gebrauch vom Getriebe machen, um rasante Beschleunigung und schnelle Bergfahrten zu erleben."

Das Chassis war offensichtlich für den Zweilitermotor zu schwer geraten, und später sollte Bugatti diesem Mangel mit großvolumigeren Triebwerken begegnen. Mitte 1927 versuchte man es jedoch zunächst einmal mit dem Kompressor des kleineren Typ 37A und dem wie für den Typ 38 geschaffenen Antrieb aus dem T35B. Zwar stiegen dadurch Motor- und Fahrleistungen deutlich an, doch erwiesen sich Kurbelwelle und Lager als hoffnungslos überfordert, was zu einer hohen „Motorsterblichkeitsrate" unter den sogenannten Typ 38A führte.

In etwas über zwei Jahren entstanden insgesamt 385 Exemplare vom Typ 38, davon ungefähr 50 mit Kompressor. In vielerlei Hinsicht zählten diese Fahrzeuge zu den eher erfolglosen Bugatti-Modellen, weshalb auch nur wenige von ihnen überlebt haben.

Der Typ 44 Dreiliter: Sanft, schnell und zuverlässig

Auf dem Pariser Salon im Oktober 1927 wurde der Zweiliter-Tourer vom Typ 38 durch den neuen Dreiliter Typ 44 ersetzt. Obwohl am Fahrwerk nur wenig verändert worden war (lediglich den Rahmen hatte man um ein paar Zentimeter verlängert), verhielt sich der Wagen dank der größeren Leistung und dem Quentchen Mehrgewicht auf der Vorderachse wie ein völlig neues Fahrzeug.

Der Motor war im Prinzip eine Weiterentwicklung des Prototyps von 1920/21 (Type 28), der allerdings aufgrund der in der Zwischenzeit gemachten Erfahrungen von zahlreichen Verbesserungen profitierte. Bohrung und Hub betrugen 69 × 100 mm, wobei Zylinderblöcke und Ventiltrieb aus dem Typ 37 bzw. dem Typ 40 Tourer stammten. Lediglich die Kühlwasserleitungen waren von der rechten auf die linke Seite des Motorblocks gewandert. Von der zwischen den Zylinderblöcken nach oben führenden Königswelle zur Ventilsteuerung wurde die ebenfalls linksseitig angeordnete Wasserpumpe angetrieben, hinter der bei den frühen Modellen sogar noch eine Ölpumpe mit langem Saugrohr Platz fand. Diese Saugrohrkonstruktion erwies sich als recht problematisch, weshalb Bugatti dazu überging, die Ölpumpe mit einem Winkelgetriebe zu versehen und sie direkt in die Ölwanne zu hängen. Zur gleichen Zeit (Ende 1928) führte er

RECHTS *Eine zeitgenössische Aufnahme des neuen Typ 30 zeigt das durch unzählige versiegelte Lackschichten erzielte, makellose Oberflächenfinish der Karosserie. Wulstreifen, Batteriekasten auf dem Trittbrett und eine zweiteilige „Sport"-Windschutzscheibe waren um 1923 Standard.*

Typ 38/38A Tourer	
Bauzeitraum	1926 bis 1927
Stückzahl	385
MOTOR	
Typ	Zwei Vierzylinderblöcke mit angegossenen Zylinderköpfen, obenliegende Nockenwelle, wälzgelagerte Kurbelwelle, gleitgelagerte Pleuelfüße
Zylinderzahl	8
Bohrung/Hub (mm)	60 x 88
Hubraum (ccm)	1991
Ventile	2 Einlaß-, 1 Auslaßventil pro Brennraum
Zündkerzen	1 pro Brennraum
Kompressor	Nur T38A
Vergaser	T38: 2 Zenith oder Solex T38A: 1 Zenith oder Solex
Leistung (PS)	T38: zirka 75, T38A: zirka 95
KRAFTÜBERTRAGUNG	
Kupplung	Lamellen-Naßkupplung
Getriebe	Schaltgetriebe 4+R, Kulissenschaltung
FAHRGESTELL	
Radstand	3120 mm
Spur	1250 mm
Federung vorn	Halbelliptik-Blattfedern
Federung hinten	geschobene Viertelelliptik-Blattfedern
Bremsen	seilzugbetätigt
Reifengröße	(moderne Größe) 500 x 19"
Räder	Rudge-Drahtspeichenräder
FAHRLEISTUNGEN	
Höchstgeschw.	140 km/h

LINKS *Der Typ 38 war eines der weniger erfolgreichen Bugatti-Modelle, denn vor allem mit etwas schwereren Karosserieaufbauten hatte das Zweiliteraggregat seine liebe Not. Die sehr solide Konstruktion von Fahrgestell, Getriebe, Achsen und Bremsen sollte sich später bezahlt machen, als viele Baugruppen für neue Modelle mit potenteren Triebwerken verwendet werden konnten (mit freundlicher Genehmigung des Musée Nationale de l'Automobile, Mulhouse).*

Typ 44 Tourer		
	KRAFTÜBERTRAGUNG	
Bauzeitraum 1927 bis 1930	**Kupplung**	Lamellen-Naßkupplung
Stückzahl 1095	**Getriebe**	Schaltgetriebe 4+R, Mittelschaltung
MOTOR		
Typ Zwei Vierzylinderblöcke mit angegossenen Zylinderköpfen, obenliegende Nockenwelle, gleitgelagerte Kurbelwelle	**FAHRGESTELL**	
	Radstand	3120 mm
	Spur	1250 mm
Zylinderzahl 8	**Federung vorn**	Halbelliptik-Blattfedern
Bohrung/Hub (mm) 69 x 100	**Federung hinten**	geschobene Viertelelliptik-Blattfedern
Hubraum (ccm) 2991		
Ventile 2 Einlaß-, 1 Auslaßventil pro Brennraum	**Bremsen**	seilzugbetätigt
	Reifengröße	5.00 x 19"
Zündkerzen 1 pro Brennraum	**Räder**	Rudge-Drahtspeichenräder
Kompressor Nein		
Vergaser 1 Schebler	**FAHRLEISTUNGEN**	
Leistung (PS) zirka 100	**Höchstgeschw.**	145 bis 150 km/h

OBEN   *Diesem Dreiliter-Tourenwagen vom Typ 44, Baujahr 1928, verlieh der britische Stellmacher Harrington of Brighton auf Wunsch des amerikanischen Chemiemagnaten Henry Dupont eine neue Karosserie. Der Typ 44 zählt zu den besseren Bugatti-Tourermodellen, mit viel Leistung und guter Straßenlage (mit freundlicher Genehmigung von Mr G. Little).*

RECHTS   *Typ 49 von 1932 mit Bugatti-Karosserie (mit freundlicher Genehmigung von Coys of Kensington).*

Kupplung, Getriebe und Hinterachse stammten aus dem Typ 38, wobei allerdings Teller- und Kegelrad des Hinterachsantriebs aus Gründen der Laufruhe spiralverzahnt ausgeführt waren. Die Bremstrommeln hatten aufgeschrumpfte Kühlringe erhalten, ansonsten war die Bremsanlage unverändert geblieben.

Das Fahrgestell wurde bereits in Molsheim mit Motorspritzwand, Armaturenbrett, Motorhaube und dem klassischen, hufeisenförmigen Kühler versehen. Das Armaturenbrett war aus solidem Walnußholz gefertigt und mit einer stattlichen Ansammlung von Jaeger-Instrumenten und Marchal-Schaltern ausgestattet.

Obwohl viele Kunden immer noch Fahrgestelle ohne Aufbauten bestellten, um sich bei einem der zahlreichen Spezialbetriebe eine Karosserie nach persönlichem Geschmack (und Geldbeutel) anfertigen zu lassen, bot Bugatti mittlerweile auch eigene, in Molsheim gebaute Karosserien an oder vermittelte seine Kundschaft an den befreundeten Karosseriebauer Gangloff im nahen Colmar (Gangloff hatte bereits 1910 eine Limousinenkarosserie auf den kleinen Typ 15 seiner Frau gesetzt).

Der neue Bugatti fand aufgrund seines Komforts, seiner Bugatti-typischen Fahrleistungen und seiner Ausgereiftheit großen Anklang. Obwohl man heute die Qualitäten eines über sechzig Jahre alten Automobils im Vergleich zur damaligen Konkurrenz beurteilen sollte, wird man bei einem gepflegten Typ 44 überrascht sein, wie leicht der Motor anspringt, wie kräftig er zur Sache geht und dabei in niedrigen Drehzahlen doch seidenweich läuft. Dieser Eindruck wird lediglich von der kurzen Vibrationsphase im mittleren Drehzahlbereich und dem ziemlich rauhen Motorlauf bei hohen Geschwindigkeiten etwas getrübt. Dafür lassen die Bremsen kaum Wünsche offen, wenn man das Pedal hart genug tritt, und die Lenkung reagiert ausgeprochen feinfühlig.

Selbst vor dem Hintergrund der in den zwanziger Jahren oft bemerkenswert einfach gehaltenen Autotests reizt der lakonische Kommentar des Journalisten Edgar Duffield für das Magazin *The Auto* zum Schmunzeln:

„Colonel Sorel, der die Marke auf den Britischen Inseln vertritt, ließ mir den Wagen vor die Tür stellen, weil er wohl annahm, ich wollte ihn über das Wochenende behalten. Das tue ich jedoch äußerst selten, denn wer sich nicht innerhalb einer Stunde ein Bild von einem Automobil machen kann, der soll das Autotesten an den Nagel hängen. Dieser Bugatti-Test war nun in der Tat einer der kürzesten, die ich je durchgeführt habe. Ich wußte ja schließlich schon im Voraus, was ich von einem Bugatti zu erwarten hatte und war selbstverständlich auf die beeindruckende Motorleistung ebenso vorbereitet wie auf die perfekte Funktion von Kupplung und Getriebe. Ich wußte auch schon vor der Fahrt, daß Lenkung und Federung kaum zu verbessern waren, und so mußte ich nur noch prüfen, ob der Achtzylinder-Reihenmotor sich auch so benahm, wie ich es von einem Achtzylinder-Reihenmotor erwartete (von einem guten jedenfalls).

die geschlossene Druckumlaufschmierung ein und änderte den schwingungstechnisch ungünstigen Hubzapfenversatz der beiden um 90 Grad versetzt gekoppelten Vierzylinderkurbelwellen, indem er die Kurbelwellen spiegelverkehrt zusammenfügte, so daß die Kröpfungen der äußeren und der beiden inneren Hubzapfenpaare jeweils in einer Ebene lagen (Schema: 2 – 4 – 2).

Der aus einem Stück gefertigte Nockenwellenkasten verband die beiden Zylinderblöcke wie beim früheren Zweilitermodell, und der Delco-Verteiler saß wieder am hinteren Nockenwellenstumpf. Zur Aufnahme der größeren Zylinderblöcke war ein neues Kurbelgehäuse nötig geworden, das an vier Punkten mit dem Rahmen verschraubt wurde. Eine Bugatti-Neuheit war der vorne an der Kurbelwelle montierte Torsionsschwingungsdämpfer mit Reibscheiben, dessen Funktion durch die Befestigung in weichen Gummibuchsen jedoch wieder etwas verwässert wurde. Der Dämpfer ließ sich nicht einstellen, was jedoch wahrscheinlich auch nicht viel gebracht hätte: Verschiedene in den letzten Jahren getestete Triebwerke entwickelten gerade im mittleren Drehzahlbereich ein ausgeprägtes Schwingungs-Eigenleben.

Bislang hatte Ettore auf Vergaser der französischen Hersteller Solex und Zenith gesetzt, doch für den neuen Typ 44 verwendete er einen amerikanischen Schebler-Vergaser, der ihm wohl von den vereinzelt in Europa aufgetauchten Auburn- und Studebaker-Achtzylindern her bekannt war. Er saß auf einem mächtigen, kühlwasserdurchströmten Ansaugkrümmer, der die rechte Motorseite mindestens ebenso eindrucksvoll zierte, wie die acht Auspuffkrümmer die linke. Ein interessantes Detail des neuen Motors war ein kleiner Schwimmer zur Ölstandsanzeige, der über ein von oben zugängliches Ablaßventil verfügte (Öl war in jenen Tagen ausgesprochen billig, und der Automobilist wurde ermuntert, das dickflüssige, unlegierte „100 % Pennsylvania-Öl" regelmäßig zu wechseln).

Nun, der 23,6 PS starke Achtzylinder-Dreiliter-Bugatti ist ganz offenbar ein sportliches' Automobil — ein vielstrapaziertes Wort, ich weiß, aber mir fällt beim besten Willen kein anderes ein —, aber er ist gleichzeitig sanftmütig und komfortabel, und seine Durchzugskraft im vierten Gang ist schlichtweg begeisternd (...).

Ich kann mich nicht erinnern, jemals innerhalb so kurzer Zeit so viel Fahrfreude erlebt zu haben. Der Wagen verfügt über all die Vorzüge, die seine Herkunft, sein Hubraum und der Hubzapfenversatz seiner Kurbelwelle versprechen. Der Motor ist in der Tat äußerst laufruhig, und der Bedienungskomfort des Getriebes für alte Bugatti-Fans kaum vorstellbar.

(...) nach meinem Dafürhalten zählt der 23-PS-Bugatti-Achtzylinder zu den fünf besten, interessantesten, angenehmsten und hinreißendsten Automobilen, die es zur Zeit in London zu kaufen gibt."

Ein um die Osterzeit in Montlhéry durchgeführter Test offenbarte, daß der Wagen nicht nur schnell, sondern auch zuverlässig war. Ein normales Limousinenmodell von Van Vooren (mit einem von Weymann patentierten, stoffbezogenen Aufbau) legte in den Händen des erfahrenen Albert Divo und zweier Molsheimer Testfahrer in 24 Stunden nicht weniger als 3009,5 Kilometer zurück, was einem Stundenschnitt von zwischen 124,7 und 126,7 km/h entsprach!

Die produzierten Stückzahlen des Typ 44 wurden nur noch vom 16-ventiligen Brescia-Modell übertroffen. Zwischen Oktober 1927 und November 1930 entstanden insgesamt knapp 1100 Exemplare — dabei mußte Bugatti wie alle anderen Automobilhersteller in den Jahren 1929 und 1930, während der Weltwirtschaftskrise, um den Fortbestand seiner Firma bangen. Aber der Listenpreis des nackten Chassis war eher bescheiden und hielt jeden Vergleich mit ähnlich soliden Konstruktionen stand. Ende der zwanziger Jahre kostete das Bugatti-Fahrgestell nicht mehr als das eines 20-PS-Sunbeam oder Humber bzw. eines entsprechenden Delage-Modells. Der Listenpreis des 20-PS-Rolls-

Der 3,3 Liter große Typ 49 war eine Weiterentwicklung des Dreiliter-T44, verfügte jedoch über einen Kühlerlüfter und zwei Zündkerzen pro Brennraum, die von einem 16-fach-Zündverteiler gespeist wurden. Die ovale Instrumententafel trug unverkennbar amerikanische Züge, wohingegen das Lenkrad in bester Bugatti-Tradition aus Holz gefertigt war. Das Gaspedal lag noch immer zwischen Kupplung und Bremse, doch der große Schalthebel mit Knauf war wie seine amerikanischen Vorbilder bereits auf einem Kugelgelenkfuß montiert. Für viele Enthusiasten ist der Typ 49 der beste Bugatti-Tourer, weil er in punkto Straßenlage, Bremsen und Fahrkomfort mit den besseren Modellen konkurrieren konnte, ohne dies mit der Schwerfälligkeit und dem trägen Getriebe des späteren Typ 57 erkaufen zu müssen.

Typ 49 Tourer	
Bauzeitraum	1930 bis 1934
Stückzahl	470
MOTOR	
Typ	Zwei Vierzylinderblöcke mit angegossenen Zylinderköpfen, obenliegende Nockenwelle, gleitgelagerte Kurbelwelle
Zylinderzahl	8
Bohrung/Hub (mm)	72 x 100
Hubraum (ccm)	3257
Ventile	2 Einlaß-, 1 Auslaßventil pro Brennraum
Zündkerzen	2 pro Brennraum
Kompressor	Nein
Vergaser	1 Schebler
Leistung (PS)	zirka 110
KRAFTÜBERTRAGUNG	
Kupplung	Mehrscheiben-Trockenkupplung
Getriebe	Schaltgetriebe 4+R, Mittelschaltung mit Kugelgelenkfuß
FAHRGESTELL	
Radstand	3120 mm; 3220 mm
Spur	1250 mm
Federung vorn	Halbelliptik-Blattfedern
Federung hinten	geschobene Viertelelliptik-Blattfedern
Bremsen	seilzugbetätigt
Reifengröße	5.50 x 18"
Räder	Rudge-Drahtspeichen- bzw. Aluminiumgußräder
FAHRLEISTUNGEN	
Höchstgeschw.	145 km/h

RECHTS Der Typ 40 Grand Sport, ein 1,5-Liter-Tourer, wie er im November 1927 das Molsheimer Werk verlassen haben dürfte. Die ersten Modelle hatten einen kurzen Radstand, doch bald gab es den "Grand Sport 2+2" mit einer stilistisch an den Typ 43 angelehnten Bugatti-Tourerkarosserie oder eleganten Aufbauten von namhaften Karossiers. Die Leistungsausbeute des Triebwerks war zwar eher bescheiden, aber Fahrwerk, Bremsen und Lenkung entsprachen dem Bugatti-Standard — dabei war das Modell nicht einmal teuer (mit freundlicher Genehmigung von Mr J. Webb).

Royce belief sich seinerzeit auf exakt das Doppelte, wobei für Vorderradbremsen noch einmal ein kräftiger Aufpreis bezahlt werden mußte!

Der Typ 49: Ein ausgezeichneter Tourenwagen

1931 präsentierte Bugatti auf den Ausstellungen in Paris und London ein verbessertes Modell. Der Typ 49 unterschied sich nur wenig vom Typ 44, doch dank einer auf 72 mm vergrößerten Bohrung wartete der Motor nun mit 3,3 Litern Hubraum auf. Hinter dem größeren Kühler drehte sich erstmals ein Lüfterrad, um die Motortemperaturen auch im immer dichter werdenden Verkehr in Paris und anderen Städten (und selbstverständlich an der hochsommerlichen Côte d'Azur!) in Grenzen zu halten. Andere Veränderungen betrafen die Übernahme der „amerikanischen" Knüppelschaltung mit Kugelgelenkfuß und die Einführung einer elektrischen Anlage von der schweizerischen Firma Scintilla. Ein Zündverteiler mit 16 Ausgängen speiste zwei Zündkerzen pro Brennraum. Bugatti hatte zwar bereits bei einigen der ersten Brescia-Rennwagen eine Doppelzündanlage verwendet, doch die Übernahme des aufwendigen Systems für den Tourer Typ 49 war wohl eher Verkaufsargument denn technische Notwendigkeit.

Ein Großteil der Wagen wurde mit glattflächigen Aluminium-Gußrädern ausgestattet, die auf den ersten Blick kaum von denen des Royale zu unterscheiden, jedoch in den Abmessungen für Reifen der Größe 5.25 × 18 zugeschnitten waren (der Typ 44 hatte noch Drahtspeichenräder mit 19 Zoll Durchmesser). Der Grundpreis für das nackte Fahrgestell mit Speichenrädern war von 550 auf 625 Pfund Sterling gestiegen, womit die durch die Verbesserungen entstandenen Mehrkosten mehr als ausgeglichen wurden!

Die Automobiljournalisten fanden Gefallen an dem neuen Bugatti und vergaben gute Zensuren. Henri Petit von der französischen Zeitschrift *La Vie Automobile* hatte bereits den Typ 44 getestet und schätzt am Typ 49 vor allem die verbesserte Beschleunigung (bei unveränderter Höchstgeschwindigkeit), das geräuschärmere Getriebe (mit geschliffenen Zahnrädern) und die besseren Bremsen (die gar nicht verändert worden waren . . .).

Angesichts der gespannten Weltwirtschaftslage konnten sich die Verkaufszahlen durchaus sehen lassen, wenn auch zeitweise der Absatz ins Stocken geriet und sich die vorgefertigten Chassis hinter dem Fabrikgebäude türmten. Zwischen Oktober 1930 und Ende 1933 entstanden 470 Exemplare, von denen noch einige als „Auslaufmodelle" bis in das Jahr 1934 hinein verkauft wurden.

Der Typ 49 war der letzte von Ettore Bugatti konstruierte Tourenwagen mit einzelner obenliegender Nockenwelle. Sein Sohn Jean übernahm kurz darauf die Firmengeschäfte und machte sich an die Arbeit zum Doppelnockenwellen-Triebwerk des Typ 57, während Ettore sich auf den Bau von Schienenfahrzeugen konzentrierte.

Viele Enthusiasten der Molsheimer Marke sehen im Typ 49 den besten Bugatti-Tourer, da Lenkung, Straßenlage und Bremsen noch jenen gewissen Bugatti-Touch boten, der dem Nachfolgemodell Typ 57 abhanden gekommen war. Aber rückblickend betrachtet sieht man die Dinge wohl immer etwas anders.

Der Typ 40 Vierzylinder

Diese Übersicht über die Bugatti-Tourer wäre ohne den kleinen Typ 40 mit 1,5-Liter-Vierzylindermotor sicher nicht komplett. Das 1926 eingeführte, oft etwas spöttisch als „Bugatti des kleinen Mannes" bezeichnete Nachfolgemodell des Brescia war ein ganz erstaunliches kleines Fahrzeug mit all den Fahreigenschaften der großen Bugatti-Modelle, jedoch ohne die rüde, sportbetonte Ausstrahlung des Brescia. Zudem war es, nach Bugatti-Maßstäben, geradezu unverschämt preiswert (in England kostete 1927 das nackte Fahrgestell immerhin 325 Pfund!).

Ende 1925 hatte Bugatti den vierzylindrigen Sport- bzw. Rennwagen vom Typ 37 vorgestellt. Mitte des Jahres 1926 nahm er genau dieses Triebwerk, versah es mit einem stabilen Kurbelgehäuse mit neuen Aufhängungen und verpflanzte es in ein stabiles Tourenfahrgestell. Er verwendete Getriebe und Hinterachse (mit verringerter Spurbreite) aus dem Typ 38, konstruierte eine neue Rundstahl-Vorderachse und kombinierte das Ganze mit den Bremsen des T 37 sowie einem neuen Kühler.

Das Ergebnis war ein vertrauenerweckendes Chassis, das ursprünglich ausschließlich mit Zulieferkarosserien versehen werden sollte. Bugatti konnte sich jedoch nicht verkneifen, eine viersitzige „Grand Sport"-Tourenkarosserie im Stil des größeren Typ 43 zu entwerfen.

Auch dieses Modell erntete von der Fachpresse fast nur lobende Worte: „Ein komfortabler und sehr agiler Wagen aus gutem französischem Hause, (. . .) ein wahres Gedicht," schrieb *The Light Car* im Juni 1927. Weiter hieß es in dem Bericht:

„Es gibt wohl kein anderes Auto in dieser Größenordnung, das ähnlich interessant

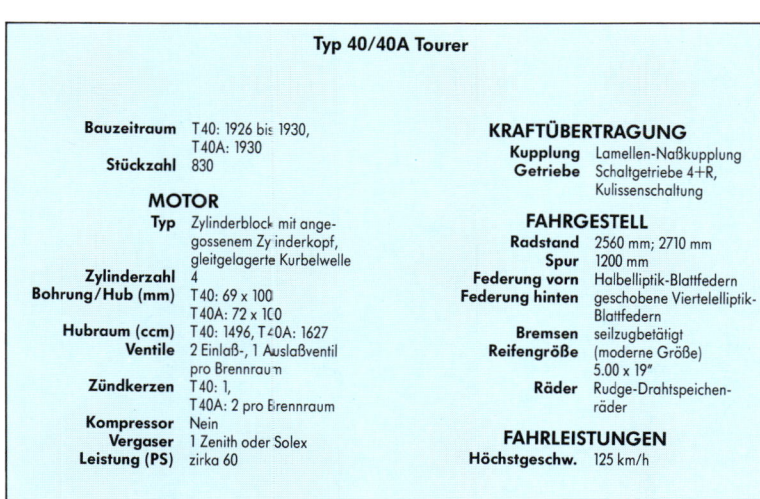

Typ 40/40A Tourer		
Bauzeitraum T40: 1926 bis 1930, T40A: 1930	**KRAFTÜBERTRAGUNG**	
Stückzahl 830	**Kupplung** Lamellen-Naßkupplung	
	Getriebe Schaltgetriebe 4+R, Kulissenschaltung	
MOTOR		
Typ Zylinderblock mit angegossenem Zylinderkopf, gleitgelagerte Kurbelwelle	**FAHRGESTELL**	
	Radstand 2560 mm; 2710 mm	
Zylinderzahl 4	**Spur** 1200 mm	
Bohrung/Hub (mm) T40: 69 x 100, T40A: 72 x 100	**Federung vorn** Halbelliptik-Blattfedern	
Hubraum (ccm) T40: 1496, T40A: 1627	**Federung hinten** geschobene Viertelelliptik-Blattfedern	
Ventile 2 Einlaß-, 1 Auslaßventil pro Brennraum	**Bremsen** seilzugbetätigt	
Zündkerzen T40: 1, T40A: 2 pro Brennraum	**Reifengröße** (moderne Größe) 5.00 x 19"	
Kompressor Nein	**Räder** Rudge-Drahtspeichenräder	
Vergaser 1 Zenith oder Solex	**FAHRLEISTUNGEN**	
Leistung (PS) zirka 60	**Höchstgeschw.** 125 km/h	

zu fahren ist, und wir wehren uns entschieden gegen die Unterstellung, daß wir mit ‚interessant' eigentlich eher ‚schwierig' meinen. Die Bedienung des Bugatti ist im Gegenteil überhaupt nicht schwierig; der Wagen ist durchaus auch für zarte Frauenhände geeignet, und dennoch ist er den anspruchslosen Durchschnitts-Familienkutschen seiner Klasse um Längen voraus.

Um es kurz zu sagen: Wer sich mit dem Bugatti fortbewegen will, muß ihn schon fahren. Da genügt es nicht, sich hinters Steuer zu setzen und einfach das Gaspedal niederzutreten. Der Grund hierfür liegt in der erstaunlichen Drehfreudigkeit des Triebwerks, der sehr engen Getriebeabstufung und der leichtgewichtigen Konstruktion von Fahrwerk und Karosserie.

Nach dem ersten Starten des Motors empfanden wir ihn zunächst als etwas zu laut, speziell im Leerlauf und bei kaltem Öl, und an dieser Meinung hat sich auch bis zum Abschluß unserer Untersuchungen nichts geändert. Doch das wirklich Einzigartige an diesem Triebwerk ist sein völlig vibrationsfreier Lauf, egal wie hoch man es auch drehen läßt (und die Nadel des Drehzahlmessers schnellt mit Leichtigkeit auf 4000/min). Die Fahrzeuginsassen spüren buchstäblich nichts von den hohen Drehzahlen.

Ein an den Umgang mit konventionellen Tourenwagen gewöhnter Fahrer, der von einem Tritt auf das Gaspedal (zumindest bei laufendem Motor) lediglich eine Vorwärtsbewegung des Fahrzeuges erwartet, wird beim Umstieg auf einen Bugatti zunächst einmal umdenken müssen. Nach ein paar Minuten hinter dem Steuer wird er jedoch mehr Freude an Geschwindigkeit und Beschleunigung empfinden, als ihm in all den Jahren zuvor auf dem Fahrersitz eines gewöhnlichen Automobils mit gewöhnlichen Fahrleistungen zuteil wurde.

Ganz besonders beeindruckend war die Funktion der geschobenen hinteren Viertelelliptikfedern. Wir jagten den mit zwei zusätzlichen Passagieren beladenen Wagen absichtlich mit höchster Geschwindigkeit über die schlechtesten Straßen im

Südwesten Londons . . . Die Bremsen griffen sanft und doch mit Macht, und während des normalen Fahrbetriebes mußten wir ihre volle Leistungsfähigkeit niemals auf die Probe stellen.

Wir waren auch überrascht vom komfortablen und sicheren Fahrverhalten des Wagens. Diesen Wagen kann man Stunde um Stunde, Meile um Meile ohne Ermüdung von Fahrer oder Passagieren bewegen. Die Lenkung reagiert auf jede Bewegung des kleinen Fingers, die Bremsbetätigung erfordert ebenfalls nur minimalen Kraftaufwand, und auf den Sitzkomfort der Fondpassagiere wurde offenbar besonderer Wert gelegt.

Die Ergebnisse dieses Fahrtests haben uns davon überzeugt, daß Ettore Bugatti hier einen solide konstruierten und durchdachten Tourenwagen auf die Räder gestellt hat, der Fahrleistungen erbringt und in Geschwindigkeitsbereiche vorstoßen kann, die bislang reinen Rennwagen vorbehalten waren."

Die Produktion des Typ 40 begann Mitte 1926, und bis Ende Mai 1931 wurden insgesamt 780 Fahrgestelle montiert. In den folgenden 12 Monaten entstand noch eine kleine Serie von ca. 35 modifizierten Versionen (T 40A), die zum Teil noch bis in das Jahr 1934 hinein verkauft wurden.

Den Typ 40A gab es mit einer hübschen, amerikanisch gestylten Roadster-Karosserie, deren Entwurf oft Jean Bugatti zugesprochen wird, die in Wirklichkeit aber von Ford oder Chrysler abgekupfert war. Für den Motor wurde ein Zylinderblock aus dem T 49 mit 72 mm Bohrung und Doppelzündung verwendet, und auch andere Konstruktionsdetails wie der Schalthebel mit Kugelgelenkfuß erinnerten an den Achtzylinder. Die meisten dieser Roadster wurden in Frankreich verkauft — in England, wo die Einfuhrbestimmungen ohnehin nackte Fahrgestelle zur nachträglichen Ausstattung mit landeseigenen Karosserien bevorteilten und eine Wirtschaftskrise nur den ganz Reichen den Kauf eines (möglichst repräsentativen) Autos ermöglichte, wurde der Wagen nie offiziell angeboten.

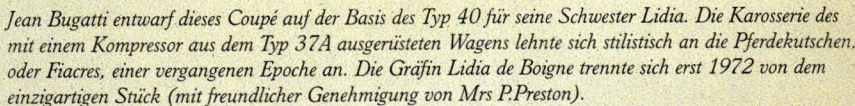

Jean Bugatti entwarf dieses Coupé auf der Basis des Typ 40 für seine Schwester Lidia. Die Karosserie des mit einem Kompressor aus dem Typ 37A ausgerüsteten Wagens lehnte sich stilistisch an die Pferdekutschen, oder Fiacres, einer vergangenen Epoche an. Die Gräfin Lidia de Boigne trennte sich erst 1972 von dem einzigartigen Stück (mit freundlicher Genehmigung von Mrs P. Preston).

Die
Rennwagen

Bugatti hatte seit jeher eine Schwäche für Rennen und Rennwagen gehabt, und er wußte zweifellos um die enorme Werbewirksamkeit sportlicher Erfolge. Bereits 1920 und 1921 hatten seine 1,5-Liter-Sechzehnventiler-Rennwagen das Interesse der sportbegeisterten Öffentlichkeit auf sich gezogen, und die 1923 eingeführte Zweiliter-Hubraumbegrenzung für internationale Veranstaltungen eröffnete ihm neue Möglichkeiten. Frankreich war zu dieser Zeit die vorherrschende Nation im Renngeschehen, gefolgt von Italien und — mit einigem Abstand — Großbritannien, das mit Brooklands nur eine einzige internationale Rennstrecke vorweisen konnte. Deutschland hatte nach dem verlorenen Krieg genügend andere Sorgen, und in Spanien war man schon froh, wenn man den Anschluß nicht völlig verlor. In den Vereinigten Staaten spielte man nach eigenen Regeln, doch war man so klug, den Hubraum auch dort auf 122 Kubikzoll (2 Liter) zu begrenzen.

Als Austragungsort für den Großen Preis von Frankreich (bzw. des französischen Automobilclubs) hatte man für das Jahr 1922 einen Straßenkurs in der Nähe des elsässischen Molsheim gewählt. Bugatti brachte vier Wagen mit dem neuen Zweiliter-Achtzylindermotor an den Start, die auf dem modifizierten Fahrgestell des Typ 22 Brescia montiert waren und offenbar die Einführung eines achtzylindrigen Tourenwagens (Typ 30) ankündigten. Ursprünglich sollten die Wagen eine weitgehend offene Torpedo-Karosserie wie der im Jahr zuvor eingesetzte Typ 13 erhalten, doch Pierre de Vizcaya, der Sohn des Bugatti-Bankiers und Bugatti-Pilot, konnte Ettore dazu überreden, die Wagen mit stromlinienförmigen Kühlerverkleidungen und spitz zulaufenden Heckpartien mit integriertem Auspuffrohr zu versehen.

Das Triebwerk glich im Prinzip dem später im Typ 30 verwendeten, unterschied sich jedoch in zahlreichen Details wie Ölpumpenantrieb, Nockenwellengehäuse etc. von der Serienausführung. Es hatte acht Zylinder mit 60 mm Bohrung und 88 mm Hub, eine dreifach rollengelagerte Kurbelwelle und Gleitlager an den Pleuelfüßen.

Im Rennen hatten die Bugatti arge Probleme, vor allem mit den Bremsen, doch konnten sich zumindest drei Wagen mit einigem Abstand auf den Sieger Fiat ins Ziel retten. Die übrigen 18 Starter waren ausgefallen, zwei Fiat verunglückt und der vierte Bugatti mit gebrochenem Magnetzünderantrieb auf der Strecke geblieben. Ein paar

unheimlich hohe Geschwindigkeiten, doch seine Straßenlage war miserabel, weil die Karosserie zu viel Auftrieb entwickelte. Das Rennergebnis fiel dementsprechend enttäuschend aus: Dem beherzt fahrenden Friderich gelang es nicht, den beiden Sunbeam von Henry Segrave und Albert Divo Paroli zu bieten.

Es darf angenommen werden, daß das schlechte Abschneiden in Tours, die erstarkte Konkurrenz und die wenig schmeichelhaften Pressestimmen über seinen „Panzerwagen" (wenngleich sein Freund Gabriel Voisin noch ein viel häßlicheres Auto auf die Räder stellte) Ettore dazu bewegten, von allzu unorthodoxen technischen Lösungen Abstand zu nehmen und sich wieder der konventionellen Bauweise zuzuwenden. Die italienischen Fiat-Rennwagen waren bildschöne Automobile, und selbst die britischen Sunbeam sahen nicht nur besser aus als seine neuesten Kreationen, sondern liefen auch schneller.

Allzu lange dürfte Ettores Enttäuschung jedoch nicht gedauert haben, und wahrscheinlich machte er sich, kaum zuhause in Molsheim angekommen, verbissen auf die Suche nach neuen Wegen — schließlich war er ja Italiener!

Der Typ 35: Schön und schnell

Am Ende der Winterpause 1923/24 hatte Ettore auch tatsächlich ein neues Konzept erarbeitet: den Typ 35. Dieser sah wieder mehr nach einem konventionellen Automobil aus, denn schließlich wollte er den Wagen ja auch verkaufen, und die Reaktion des Publikums auf die Vorstellung des neuen Typs auf dem Grand Prix in Lyon im Juli 1924 gab ihm recht.

Dabei hatte er lediglich die schlanke, langgestreckte Form der Sunbeam- und Fiat-Rennwagen der Vorjahressaison in genialer Weise adaptiert und auf ein Fahrgestell mit den Abmessungen seines erfolgreichen Sechzehnventil-Rennwagens vom Typ 22 (Spur 1200 mm, Radstand 2400 mm) gesetzt. Hinter der Hinterachse liefen die Rahmenlängsträger in spitzem Winkel zusammen, um ein stromlinienförmiges „Bootsheck" der Karosserie zu ermöglichen; die hinteren Blattfedern mußten von ihren Anlenkpunkten aus schräg nach vorne abgespreizt werden. Während Fiat zum Beispiel eine mächtige, aus zwei hohlgebohrten Hälften zusammengesetzte Vorderachse verwendete, gelang

VORHERGEHENDE DOPPELSEITE
Der letzte zweisitzige Bugatti-Rennwagen, der Typ 59 von 1933 mit 3,3 Litern Hubraum. Trotz einiger fortschrittlicher und zukunftsweisender Detaillösungen konnte er gegen die staatlich subventionierten Rennwagen aus Italien und Deutschland nicht bestehen (mit freundlicher Genehmigung von Mr N. Corner).

LINKS UND UNTEN *Bugattis erster Achtzylinder-Rennwagen war der Typ 30 mit zwei Litern Hubraum, von dem gleich vier Exemplare um dem Großen Preis von Frankreich in Strasbourg rangen. Die Wagen verfügten zwar über einigermaßen stromlinienförmige Karosserien mit spitz zulaufenden Heckpartien, doch erwies sich Bugattis hydraulische Bremsbetätigung als wenig zuverlässig. Felice Nazarro gewann auf Fiat, Bugatti blieben nur die Plätze zwei und drei. Links: Pierre Marco beim Reifenwechsel. Unten: De Vizcaya an den Boxen.*

RECHTS *Ernest Friderich mit dem „Panzerwagen" zum Nachtanken an der Box, aufgenommen beim Grand Prix in Tours 1923. Sein Typ 32 hielt als einziger der vier gestarteten die Distanz durch und landete mit einigem Rückstand auf die beiden siegreichen Sunbeam auf Platz drei.*

Wochen später belegte de Vizcaya in Monza auf dem einzigen gemeldeten Bugatti einen verdienten dritten Platz hinter zwei Fiat.

Der „Panzer": Typ 32 von 1923

Am Ende der Saison 1922 stand Bugatti also ein ausbaufähiges Zweilitertriebwerk zur Verfügung. Etwas unüberlegt überließ er 1923 de Vizcaya zwei dieser Vorjahreswagen und schickte ihn mit drei neuen Wagen, die der reiche argentinische Sportmäzen Martin de Alzaga bestellt hatte, nach Indianapolis, mit dem (nicht gehaltenen) Versprechen, die Motoren mit rollengelagerten Pleuelfüßen zu versehen. Das Rennen auf dem berüchtigten Hochgeschwindigkeitskurs geriet für Bugatti zum Desaster — nur ein Wagen kam ins Ziel, die anderen fielen mit Lagerschäden oder ähnlichen Problemen aus. In der Zwischenzeit hatte Ettore mit der Arbeit an einem bemerkenswerten „Panzerwagen", dem Typ 32, begonnen. Dieser verfügte über einen unter den Achsen verlegten Rechteckrohrrahmen mit knapp zwei Metern Radstand und beherbergte unter der im Längsschnitt wie eine Tragfläche geformten, kantigen Karosserie einen modifizierten Zweilitermotor mit rollengelagerten Pleueln.

Der „Panzer" war eine Spezialkonstruktion für den 1923 in Tours ausgetragenen Grand Prix, wo vier identische Exemplare an den Start gingen. Bugattis intuitive Art zu konstruieren erwies sich nicht immer als der richtige Weg, vor allem, wenn er sich auf ihm unbekanntes technisches Terrain wagte. Der Wagen erreichte auf den Geraden zwar

Typ 35/39 Grand Prix

Bauzeitraum	1924 bis 1931
Stückzahl	210

MOTOR

Typ	Zwei Vierzylinderblöcke mit angegossenen Zylinderköpfen, obenliegende Nockenwelle, rollengelagerte Kurbelwelle und Pleuel
Zylinderzahl	8
Bohrung/Hub (mm)	T35: 60 x 88; T35T, B: 60 x 100; T39: 60 x 66
Hubraum (ccm)	T35: 1991, T35T, B: 2262 T39: 1493
Ventile	2 Einlaß-, 1 Auslaßventil pro Brennraum
Zündkerzen	1 pro Brennraum
Kompressor	nur T35B, T35C und T39A
Vergaser	ohne Kompressor 2 Zenith oder Solex, mit Kompressor 1 Zenith oder Solex
Leistung (PS)	ohne Kompressor zirka 100 bis 110 mit Kompressor zirka 130 bis 150

KRAFTÜBERTRAGUNG

Kupplung	Lamellen-Naßkupplung
Getriebe	Schaltgetriebe 4+R, Kulissenschaltung

FAHRGESTELL

Radstand	2400 mm
Spur	1200 mm
Federung vorn	Halbelliptik-Blattfedern
Federung hinten	geschobene Viertelelliptik-Blattfedern
Bremsen	seilzugbetätigt
Reifengröße	(moderne Größe) 5.00 x 19"
Räder	Aluminiumguß-Speichenräder mit integrierter Bremstrommel, abnehmbarer Felgenkranz

FAHRLEISTUNGEN

Höchstgeschw.	ohne Kompressor zirka 175 km/h; mit Kompressor über 200 km/h

Bugattis Schmiedewerkstatt das Kunststück, ein Stück hohlgebohrtes Rundmaterial zu einer Achse zu schmieden und die offenen Enden durch erneutes Schmieden wieder zu verschließen. In diese massiven Endstücke wurden rechtwinklig dazu Durchstecköffnungen für die Blattfedern gearbeitet, und heraus kam eine stabile, geschmiedete, einteilige und zudem hohle und dadurch extrem leichte Vorderachse.

Das Getriebe entsprach bis auf den etwas länger übersetzten ersten Gang dem aus dem Typ 30, doch hatte man die ausladenden Halterungen abgesägt und das Gehäuse auf Rohrtraversen montiert. Motorspritzwand und Armaturenbrett bestanden aus Aluminium und waren mit den traditionellen Bugatti-Instrumenten ausgestattet: Eine Luftpumpe, mit der sich der Kraftstofftank unter Druck setzen ließ, samt Manometer, eine Öldruckanzeige, ein Drehzahlmesser und die obligatorische Uhr. Der ebenfalls an der Motorspritzwand montierte Bosch-Magnet wurde ohne Übersetzung direkt von der Nockenwelle angetrieben, wodurch die Schmierungsprobleme des Doppelantriebs früherer Modelle als Fehlerquelle ausgeräumt waren. Die seilzugbetätigte Bremsanlage hatte eine erstaunliche Reife erreicht und funktionierte vorzüglich.

Der Motor war vom Aufbau her mit dem des Typ 30 identisch, wies jedoch einen komplett rollengelagerten Kurbeltrieb auf. Hatte man zuvor noch die rollengelagerten Pleuelfüße teilbar ausgeführt, so beschritt Bugatti nun den umgekehrten Weg und unterteilte die Kurbelwelle in kleine, miteinander verstiftete Abschnitte, wodurch jedes einzelne der geschlossenen, mit siebzehn 8-mm-Rollen versehenen Pleuellager zugänglich

war. Die Kurbelwelle war in jeder Hinsicht ein wahres Meisterstück: Sie bestand zum Großteil aus einer einsatzgehärteten Speziallegierung, verfügte über feinstgeschliffene Laufflächen und wurde bei der Erstmontage durch die Verwendung verschiedener Paßstifte exakt ausgerichtet, weshalb sie auch nach jeder erneuten Montage wieder genau fluchtete.

Mit dieser neuen Kurbelwelle gehörten nicht nur die Schmierungsprobleme der alten Pleuelfuß-Gleitlager (Indianapolis!) der Vergangenheit an, Bugatti konnte auch einteilige, leichtere und steifere Pleuel verwenden, die Drehzahlen bis 6000/min klaglos verkrafteten.

Am Rest des Triebwerks hatte sich wenig geändert, lediglich die Tellerdurchmesser der drei Ventile pro Brennraum waren zur besseren Füllung geringfügig vergrößert worden.

Fiat hatte in seinen Rennwagen bereits 1923 einen Kompressor verwendet, doch Bugatti bezeichnete diese Lader (damals noch!) als „unästhetisch" und blieb bei zwei Zenith-Vergasern. Die Ölpumpe wurde am vorderen Kurbelwellenstumpf von einer Schneckenverzahnung angetrieben, die Wasserpumpe war auf der obligatorischen Querwelle montiert. Bugatti brüstete sich damit, daß der Motor auf dem Tourertriebwerk basierte und strich die Verwendung zahlreicher Serienteile gebührend heraus. Das Lenkgetriebe war neu; ebenso die Spurstangen und Lenkhebel, die an ihren Enden mit Kugelgelenken versehen waren.

Beim Großen Preis von Frankreich in Lyon 1924 gab Ettores Meisterstück, der Typ 35, sein Debüt, wenn auch Reifenprobleme eine gute Plazierung verhinderten. Auch heute noch vermag der klar gezeichnete Rennwagen durch seine gelungene Form, seine Leistung und sein phantastisches Fahrverhalten zu begeistern. Geschwindigkeiten bis 160 km/h waren kein Problem. Im Bild ein Modell von 1926 ohne Kompressor.

Für jemanden, der die meisten Aufbauten als prinzipiell unnötig und in jedem Fall zu schwer erachtete, hatte Bugatti eine hinreißende Grand-Prix-Karosserie entworfen und die Formen mit großer Sorgfalt in Blech fertigen lassen. Kaum ein Wagen hatte bislang über eine Karosserie von solcher Schönheit und Zweckmäßigkeit verfügt. Unzählige kleine, mit Draht gesicherte Blechschräubchen befestigten die mit zierlichen Entlüftungsschlitzen übersäten Aluminiumbleche an Chassis und Motorspritzwand.

Die aufsehenerregendste Neuheit des Typ 35 waren jedoch die Aluminiumräder mit je acht flachen Speichen und integrierten, großzügig verrippten Bremstrommeln mit eingeschrumpftem Stahlring. Die abnehmbaren Felgen wurden von 32 (später 24) kleinen 6-mm-Schrauben gehalten und waren mit Reifen der amerikanischen Dimension 20 × 4 Zoll „Straight Side" besohlt, die Bugatti direkt von Dunlop in England bezog.

Die fünf Wagen für den Grand Prix in Lyon 1924 wurden wie der Prototyp, den Ettore als „Vorführwagen" am liebsten selbst benutzte, noch rechtzeitig fertig und rollten

Durch den Einbau eines Kompressors und einer Langhub-Kurbelwelle reifte der Typ 35 im Jahre 1927 zum T35B und erwies sich auf Anhieb als ein großartiges Sportgerät. Der abgebildete Wagen hält zum Beispiel den Bergrekord von Prescott Hill in der Vintage-Klasse und läuft (mit Methanol als Treibstoff) über 205 km/h Spitze. Den Kilometer mit stehendem Start absolviert der T35B in weniger als 27 Sekunden (mit freundlicher Genehmigung von Mr I. Preston).

Für den Grand Prix in Lyon 1925 waren nicht weniger als fünf Bugatti gemeldet, und Ettore tauchte mit einem Prototyp im Fahrerlager auf. Ihr bestechend schönes Äußeres, die ausgezeichnet verarbeiteten Aluminiumkarosserien und die revolutionären Aluminiumräder sorgten für eine kleine Sensation. Reifenprobleme verursachten viele Ausfälle und vereitelten eine bessere Plazierung als den siebten und achten Rang.

auf eigener Achse von Molsheim nach Lyon. Die überaus schnellen Renner hatten sich zwar auf zahlreichen Testfahrten bewährt, doch der Auftritt beim Grand Prix geriet zu einer Katastrophe: Die in letzter Minute eingetroffenen Reifen waren fehlerhaft vulkanisiert und begannen schon zu Anfang des Rennens, sich ihrer Laufflächen zu entledigen. Zuerst kam de Vizcaya von der Piste ab und kollidierte mit einem Zuschauer, dann schlug sich die abgelöste Lauffläche eines Reifens um Meo Constantinis Wagen um den Schalthebel und verbog ihn. Schließlich wurden die Reservereifen knapp, und nur zwei Bugatti konnten das Rennen auf den Plätzen sieben und acht, weit hinter Camparis Alfa Romeo und zwei Delage, das Rennen beenden.

Bugatti stieg auf konventionelle Wulstreifen der Größe 710 × 90 um. Beim nächsten Einsatz des Typ 35 einen Monat später lief alles schon viel besser: Constantini wurde im spanischen San Sebastian Zweiter.

Trotz des etwas mißglückten Debüts erwies sich der Typ 35 als großer Wurf des Molsheimer Werks. Schon bald häuften sich eilige Bestellungen von Rennfahrern und treuen Stammkunden, zu denen unter anderen auch die Familie Junek aus Prag, Sir Robert Bird, Glen Kidston und Lord Cholmondeley aus Großbritannien, Maurice Bunau-Varilla, Besitzer der Zeitung *Le Matin* aus Frankreich und der Conte Masetti aus

Italien zählten. Abseits der Rennstrecken verhielt sich der Wagen überraschend zahm und zivil, wie Louis Delage in einem Fahrbericht nach dem Pariser Salon 1924 bemerkte. Auch heute noch springt ein gut erhaltenes, kompressorloses Exemplar auf den ersten Zug an der Anwerfkurbel an und beschleunigt auf freier Strecke lochfrei auf 160 km/h hoch.

Für den Modelljahrgang 1925 wurden nur wenige Änderungen vorgenommen. Die Produktion lief auf vollen Touren, und Rennen gewann der Wagen offenbar nach Belieben. Doch die Konkurrenz schlief nicht, und bald schon sah es so aus, als würde der Typ 35 ohne Kompressoraufladung bald das Nachsehen haben. Zähneknirschend machte sich Ettore an die Arbeit, einen Roots-Kompressor anzupassen. Assistiert wurde er dabei von dem französischen Ingenieur Edmond Moglia, der auf einige Erfahrungen auf diesem Gebiet zurückblicken konnte.

Für 1926 vergrößerte Bugatti jedoch zunächst den Hubraum des Saugertriebwerks auf 2,3 Liter, indem er eine Kurbelwelle mit 100 mm Hub installierte, und legte auf der sizilianischen Targa Florio mit dem bald Typ 35T (für Targa) genannten Wagen den Grundstein für eine atemberaubende Siegesserie im internationalen Rennsport. Die Kompressorversion wurde noch im selben Jahr, allerdings mit einem nur 1100 ccm großen Triebwerk (Bohrung × Hub: 52 × 66 mm) und entsprechend kleinem Lader, auf dem elsässischen Voiturette-Grand-Prix getestet. Kurz darauf demoralisierte ein mit 1,5-Liter-Motor ausgestatteter Kompressor-Bugatti (offiziell Typ 39 genannt) in Montlhéry die versammelte Grand-Prix-Konkurrenz. Dasselbe Modell gewann auch das Rennen in San Sebastian sowie den Großen Preis von Italien und belegte beim Großen Preis von England den zweiten Platz. Zu guter Letzt holten sich am Ende der Saison 1926 drei kompressorgeladene Typ 35C mit Zweilitermotor einen 1-2-3-Sieg im Grand Prix von Mailand. Bugatti befand sich zweifellos auf dem Höhepunkt seiner Karriere als Rennwagenhersteller: Seine Wagen waren Weltmeister und hatten alle großen Veranstaltungen gewonnen. Sogar auf den Werbeprospekten stand es zu lesen: 1926 hatte Bugatti 47 Rekorde gebrochen und 351 erste Plätze geholt.

1927 konnte der Typ 35 seine Siegesserie fortsetzen. In den ersten Monaten tauchte in den Händen von Louis Chiron der „Targa Compresseur", oder 35B, mit 2,3-Liter-

Motor (Bohrung × Hub: 60 x 100 mm) auf, der letzte und auch stärkste Grand-Prix-Bugatti mit einer einzelnen obenliegenden Nockenwelle. Die Weltmeisterschaft ging dieses Jahr an Delage, und viele Konkurrenten hatten sich aus dem immer teurer werdenden Renngeschäft zurückgezogen. 1928 und 1929 litt der Sport unter der schweren Weltwirtschaftskrise, und obwohl Bugatti weiter siegreich blieb, hatten Grand-Prix-Rennen viel von ihrer einstigen Popularität eingebüßt. 1929 wurde aber auch zum ersten Mal der Große Preis von Monaco in den Straßen von Monte Carlo ausgetragen, und William Grover-Williams (ein Anglo-Franzose, der unter dem Namen Williams antrat) beherrschte das Rennen souverän in seinem „British Racing Green" lackierten Bugatti T 35B. 1930 konnte René Dreyfus den Triumph wiederholen, dafür wurde Louis Chiron auf der Targa Florio „nur" Zweiter. Dennoch blieben dem Typ 35 in diesem Jahr noch genügend Siege, bevor er das Feld für seinen Nachfolger räumen mußte.

Der Typ 51 mit zwei obenliegenden Nockenwellen

Als sich die „wilden zwanziger Jahre" ihrem Ende zuneigten und die Weltwirtschaftssituation immer auswegloser erschien, hatte auch Ettore wenig Grund zur Freude: Die Verkaufszahlen seiner Tourer waren stark zurückgegangen, und für seine Monsterlimousine Royale (siehe letztes Kapitel), mit deren Entwicklung er sich bereits seit 1927 beschäftigte, wollten sich einfach keine Käufer finden lassen. Vater und Sohn Bugatti wußten nur zu gut, daß der T 35B leistungsmäßig nicht mehr mit der Konkurrenz mithalten konnte, und letztlich war es Jean, der vorschlug, einmal die sensationellen amerikanischen Miller-Rennwagen mit Frontantrieb unter die Lupe zu nehmen. Die Gelegenheit war günstig, denn der Amerikaner Leon Duray versuchte gerade sein Rennglück in der Alten Welt, und er tauschte seine beiden Miller gegen drei Bugatti Typ 43 Grand Sport, die in Molsheim ohnehin auf Halde gestanden hatten. Bugatti verfügte nun über zwei Triebwerke, von denen er wußte, daß sie mit ihren (auch bei anderen Konkurrenten immer beliebter werdenden) zwei obenliegenden Nockenwellen weit mehr Leistung produzierten als sein eigener Motor.

Die Miller-Motoren wurden zerlegt, studiert und vermessen. Danach baute man sie wieder zusammen und brachte sie auf den Prüfstand, wo sie 50 PS mehr leisteten als der stärkste Bugatti-Motor! Glücklicherweise gelang es ohne größere Schwierigkeiten, den kopierten Zylinderblock mit dachförmigen Brennräumen und für seine Nockenwellen, und für zwei Ventilen pro Brennraum auf das Kurbelgehäuse eines T 35B zu pflanzen. Das Ergebnis dieser Nacht-und-Nebel-Aktion war der Zweiliter-, bzw. 2,3-Liter-Grand-Prix-Rennwagen Typ 51.

Von außen ließ sich der Wagen kaum von einem normalen T35B unterscheiden, lediglich die aus einem Guß gefertigten Leichtmetallräder ohne demontierbaren Felgenkranz und die wegen des geänderten Ansaugkrümmers etwas weiter unten an der rechten Motorhaubenhälfte angeordnete Abblasöffnung für den Kompressor entlarvten den Doppelnockenwellen-Typ. Wer genauer hinsah, bemerkte den an der Motorspritzwand etwas nach links versetzten (weil von der linken Nockenwelle angetriebenen) Zündmagneten, der außerdem nicht von Bosch, sondern von Scintilla stammte, sowie die zwei Einfüllstutzen des Kraftstofftanks.

Für die Saison 1930 kam der Typ 51 zu spät; er wurde erst im Oktober auf dem Pariser Salon vorgestellt. Sein Renndebüt gab der neue Bugatti in den Händen von Achille Varzi mit einem Sieg in Tunis im April 1931. Kurz darauf gewann Louis Chiron den Grand Prix von Monaco.

In den zwei, drei darauffolgenden Jahren holte der Typ 51 noch viele Siege für die Molsheimer Marke. Er hatte sich zu einem der beliebtesten kleinen Grand-Prix-Rennwagen für Privatfahrer entwickelt und ließ sich über 40 mal verkaufen. Dann tauchten jedoch neue, größere Rennwagen auf: Alfa Romeo setzte auf 2,6 Liter Hubraum, Maserati auf 2,9 Liter, und schon begann sich die Dominanz der deutschen Auto-Union- und Mercedes-Benz-Rennwagen abzuzeichnen. Zudem konnten die italienischen und deutschen Teams auf staatliche Unterstützung rechnen, die Bugatti versagt blieb.

„Molsheimer Spezialitäten"

Während der T 51 noch auf den internationalen Rennen zumeist erfolgreich die französischen Farben vertrat, wagte sich Bugatti an zwei Projekte, die sich im Nachhinein betrachtet als Fehlschläge erwiesen. Zuerst konstruierte er den Typ 45 mit einem aus zwei parallel gekoppelten Reihenachtzylindern aufgebauten 16-Zylinder-Triebwerk mit 3 und 4 Litern Hubraum. Den ersten Motor dieser Art hatte Ettore im Ersten Weltkrieg für Flugzeuge entwickelt und die Lizenzrechte an die amerikanische Firma Duesenberg verkauft. Das mit zwei Kompressoren ausgestattete Triebwerk montierte er in ein typisches Bugatti-Fahrgestell, allerdings mit parallelen (und nicht wegen des Bootsheck nach vorne gespreizten) Blattfedern an der Hinterachse. Die beiden Achtzylinder-Baugruppen verfügten über separate Kurbelgehäuse, rollengelagerte Kurbelwellen und Gleitlager in den Pleuelfüßen. Die Achillesferse der Konstruktion war das zur Synchronisierung der Drehrichtung der beiden Kurbelwellen notwendige Zwischenzahnrad, das sehr hohe Kräfte aufnehmen mußte und offenbar nicht richtig geschmiert wurde. Die beiden einzigen gebauten Exemplare wurden mit mäßigem Erfolg bei verschiedenen Bergrennen eingesetzt und verschwanden bald in der Versenkung.

Ebenfalls als Irrweg erwies sich der allradgetriebene Rennwagen Typ 53. Das Baukonzept stammte von einem Italiener, dem früheren Fiat-Konstrukteur G.C. Cappa, der Ettore (oder war es Jean?) zum Bau eines solchen Wagens mit der 4,9-Liter-Kompressormaschine aus dem Typ 50/54 überreden konnte. Über ein Verteilergetriebe wurde die Antriebskraft auch an die Vorderräder geleitet, deren Räder übrigens zum ersten Mal in der Bugatti-Geschichte an zwei Querblattfedern einzeln aufgehängt waren. Leider verwendete Bugatti normale Kreuzgelenke an den Antriebswellen, so daß die Lenkung nicht nur sehr schwergängig war, sondern auch durch Antriebsreaktionen massiv beeinträchtigt wurde. Von diesem Typ entstanden ebenfalls nur zwei Exemplare, die von René Dreyfus und Louis Chiron mit mäßigem Erfolg bei einigen Bergrennen in Südfrankreich eingesetzt wurden. Jean Bugatti brachte einen Typ 53 an den Start des Shelsley-Walsh-Bergrennens in England und beschädigte ihn bei einem Unfall schwer, nachdem er im

Typ 51/51A Grand Prix	
Bauzeitraum	1931 bis 1935
Stückzahl	40
MOTOR	
Typ	Zylinderblock mit angegossenem Zylinderkopf, zwei obenliegende Nockenwellen, rollengelagerte Kurbelwelle und Pleuel
Zylinderzahl	8
Bohrung/Hub (mm)	T51: 60 x 88, 60 x 100; T51A, B: 60 x 66
Hubraum (ccm)	T51: 1991, 2262; T51A: 1493
Ventile	1 Einlaß-, 1 Auslaßventil pro Brennraum
Zündkerzen	1 pro Brennraum
Kompressor	Ja
Vergaser	1 Zenith oder Solex
Leistung (PS)	T51: zirka 160 bis 180, T51A: zirka 130
KRAFTÜBERTRAGUNG	
Kupplung	Lamellen-Naßkupplung
Getriebe	Schaltgetriebe 4+R, Kulissenschaltung
FAHRGESTELL	
Radstand	2400 mm
Spur	1200 mm
Federung vorn	Halbelliptik-Blattfedern
Federung hinten	geschobene Viertelelliptik-Blattfedern
Bremsen	seilzugbetätigt
Reifengröße	(moderne Größe) 5.00 x 19
Räder	Aluminiumguß-Speichenräder mit integrierter Bremstrommel
FAHRLEISTUNGEN	
Höchstgeschw.	über 200 km/h

Training angeblich den inoffiziellen Streckenrekord gebrochen hatte. Von einer Weiterentwicklung des Allradantriebs sah man in Molsheim dennoch ab.

Der Typ 54 mit 4,9 Litern Hubraum

Auf der Suche nach mehr Leistung entwickelte Bugatti den Grand-Prix-Rennwagen vom Typ 54, der über den 4,9 Liter großen Kompressor-Achtzylinder aus dem sportlichen Typ 50 verfügte. Eingebaut war das Triebwerk in ein 16-Zylinder-Fahrgestell (Typ 45) mit einer den Typen 35 und 51 nachempfundenen, aber stärker ausgeprägten Bootsheck-Karosserie. Der Wagen war sehr schnell, aber auch sehr schwer zu beherrschen. Seinen ersten Auftritt hatte er im September 1931 in Monza, die Erfolge stellten sich jedoch erst 1932 und 1933 ein, wobei das beste Resultat von Achille Varzi und Graf Stanislas Czaykowski beim Großen Preis von Deutschland (1. und 2. Platz) erzielt wurde. Der schnelle Graf verbesserte 1933 noch den Stunden-Weltrekord auf der Berliner Avus, verunglückte jedoch wenige Wochen später in Monza.

Die blattgefederten Starrachsen waren mit der Motorleistung des Typ 54 hoffnungslos überfordert, und so hatte der Bugatti trotz seiner hohen Endgeschwindigkeit im Rennen meist das Nachsehen. Dennoch — wer einmal einen Typ 45 über die Rennstrecke von Brooklands donnern gesehen hatte, der vergaß den Anblick so schnell nicht wieder!

LINKS *Der aus zwei Reihenachtzylindern zusammengekoppelte 16-Zylinder-Rennmotor aus dem Typ 45 verfügte über zwei separate Kompressoren. Der Wagen wurde in den Jahren 1929 und 1930 bei verschiedenen Bergrennen eingesetzt, doch nie zu völliger Reife entwickelt.*

OBEN *Eine weitere Rarität aus Molsheim war der Typ 53 mit Allradantrieb. Zwei Wagen wurden gebaut und mit mäßigem Erfolg auf Bergrennen gefahren — einen zerstörte Jean Bugatti in Shelsley Walsh, der andere steht im Automobilmuseum von Mulhouse. Der Enthusiast Uwe Hucke baute aus Original-Werksteilen ein drittes Exemplar auf, das hier bei einem Rennen für historische Fahrzeuge in Lausanne zu sehen ist. Am Steuer übrigens der frühere französische Spitzenfahrer René Dreyfus.*

Die Grand-Prix-Replicas

Bugatti hatte immer Wert darauf gelegt, daß die ohnehin mit den entsprechenden Tourermodellen verwandten Rennwagen für jedermann käuflich waren. 1925 war die Rennversion des Typ 15 Brescia nicht mehr konkurrenzfähig, und so beschloß er, sie durch eine Replica des erfolgreichen T 35 zu ersetzen und damit die bestechende Ästhetik des vielgerühmten Grand-Prix-Rennwagens auch Privatfahrern zugänglich zu machen.

Aus dieser Idee heraus entstanden am Ende zwei Modelle: Zunächst eine getreue Kopie des T 35 mit Achtzylindermotor, die Mitte 1925 unter der Bezeichnung T 35A vorgestellt wurde, sowie gegen Jahresende noch eine von einem Vierzylindermotor angetriebene Ausführung, der T 37. Zur offiziellen Bezeichnug des T 35A gehörte eigentlich der Zusatz „Course Imitation", doch in der Molsheimer Fabrik hatte der Wagen bald den Spitznamen „Tekla" weg, nach den damals sehr populären Mode-Zuchtperlen.

Der Typ 35A basierte auf dem unveränderten Chassis samt Achsen, Getriebe und Karosserie des Grand-Prix-Modells, erhielt jedoch Drahtspeichenräder und die Trommelbremsen aus dem letzten Brescia-Modell. Die Aluminium-Speichenräder konnten gegen Aufpreis geordert werden. Beim Triebwerk indes hörte die Verwandtschaft zum Rennwagen auf, denn das stammte aus dem im vorherigen Kapitel beschriebenen Typ 38, hatte zwei Liter Hubraum und eine nur dreifach rollengelagerte Kurbelwelle mit Gleitlagern an den Pleuelfüßen. Das deutlich schwächere Aggregat ließ sich nur widerwillig bis 4500/min drehen, war aber dank seiner simplen Konstruktion billiger in der Herstellung, weshalb der Typ 35A auch für weniger als zwei Drittel des T 35-Verkaufspreises angeboten werden konnte. Viele T 35A wurden auf Käuferwunsch in Molsheim mit elektrischer Beleuchtung und sogar mit elektrischem Anlasser versehen, doch für den Wetterschutz mußte man schon selbst sorgen, denn eine breite Windschutzscheibe oder gar ein Verdeck gab es ab Werk nicht.

Der Typ 37 war das Paradebeispiel für einen billigen Rennwagen und wurde auf Anhieb zu einem Riesenerfolg — nicht zuletzt wegen seiner überschaubaren Vierzylindertechnik mit gleitgelagerter Kurbelwelle und Batteriezündung. Der 1,5-Liter-Motor

Typ 35A „Course Imitation"	
Bauzeitraum	1926 bis 1929
Stückzahl	130
MOTOR	
Typ	Zwei Vierzylinderblöcke mit angegossenen Zylinderköpfen, obenliegende Nockenwelle, rollengelagerte Kurbelwelle, gleitgelagerte Pleuel
Zylinderzahl	8
Bohrung/Hub (mm)	60 x 88
Hubraum (ccm)	1991
Ventile	2 Einlaß-, 1 Auslaßventil pro Brennraum
Zündkerzen	1 pro Brennraum
Kompressor	Nein
Vergaser	2 Zenith oder Solex
Leistung (PS)	zirka 75
KRAFTÜBERTRAGUNG	
Kupplung	Lamellen-Naßkupplung
Getriebe	Schaltgetriebe 4+R, Kulissenschaltung
FAHRGESTELL	
Radstand	2400 mm
Spur	1200 mm
Federung vorn	Halbelliptik-Blattfedern
Federung hinten	geschobene Viertelelliptik-Blattfedern
Bremsen	seilzugbetätigt
Reifengröße	(moderne Größe) 4.50 x 19"
Räder	Rudge-Drahtspeichenräder
FAHRLEISTUNGEN	
Höchstgeschw.	145 km/h

RECHTS *Mit dem Typ 54 versuchte Bugatti mit der Konkurrenz Schritt zu halten. Der konzeptionell den erfolgreichen kleineren Grand-Prix-Rennern nachempfundene Wagen wurde von einem 4,9 Liter großen Kompressormotor aus dem Typ 50 angetrieben. Er war ein schwer zu bändigender Brokken, wie Kaye Don und einige ausgesuchte andere Fahrer bei Tempo 200 auf der Brooklands-Rennstrecke erfahren mußten. Ein früher von Prinz Lobkowitz in der Tschechoslowakei eingesetztes Exemplar (ganz rechts) steht heute in der C.W.P. Hampton Collection.*

UNTEN *Der Erfolg des Typ 35 ebnete einer kleineren, einfacher aufgebauten Version den Weg, die unter der Bezeichnung T 35A für weniger als zwei Drittel des T 35-Preises angeboten wurde. Dafür erhielt man ein mit gleitgelagerten Pleueln, vereinfachtem Kurbeltrieb, Drahtspeichenrädern und Batteriezündung ausgestattetes Fahrzeug, das jedoch das exquisite Fahrverhalten des berühmten Schwestermodells geerbt hatte. Dieses ausgezeichnet restaurierte Exemplar ist mit den originalen, etwas schmächtigen Wulstreifen ausgerüstet (mit freundlicher Genehmigung von Mr T. Cardy).*

Typ 54 Grand Prix

Bauzeitraum	1932 bis 1934
Stückzahl	65

MOTOR

Typ	Zylinderblock mit angegossenem Zylinderkopf, zwei obenliegende Nockenwellen, Gleitlager
Zylinderzahl	8
Bohrung/Hub (mm)	86 x 107
Hubraum (ccm)	4972
Ventile	1 Einlaß-, 1 Auslaßventil pro Brennraum
Zündkerzen	1 pro Brennraum
Kompressor	Ja
Vergaser	2 Zenith oder Solex
Leistung (PS)	zirka 250

KRAFTÜBERTRAGUNG

Kupplung	Mehrscheiben-Naßkupplung
Getriebe	Schaltgetriebe 3+R, an der Hinterachse, Mittelschaltung mit Kugelgelenkfuß

FAHRGESTELL

Radstand	2750 mm
Spur	1350 mm
Federung vorn	Halbelliptik-Blattfedern
Federung hinten	geschobene Viertelelliptik-Blattfedern
Bremsen	seilzugbetätigt, selbstnachstellend
Reifengröße	6.00 x 19
Räder	Aluminiumgußräder mit integrierter Bremstrommel

FAHRLEISTUNGEN

Höchstgeschw.	über 200 km/h

mit 69 mm Bohrung und 100 mm Hub sollte auch in dem sechs Monate später vorgestellten Typ 40 verwendet werden. Vielleicht wurde dieser Tourer dem Rennsportmodell „nachgeschoben" (ähnlich wie der Typ 43 dem T35B), wie die bei Bugatti immer streng chronologische Typenbezeichnung nahelegt, doch es ist nicht mit Sicherheit geklärt, ob beide Versionen schon von Anfang an geplant waren, oder ob sich die rasche zeitliche Abfolge der Modellentwicklungen in diesem Fall zufällig ergeben hatte.

Wie dem auch sei, der Typ 37 entwickelte sich zu einem der erfolgreichsten Bugatti-Modelle, das 1927 für exakt die Hälfte des für einen kompressorlosen T35 verlangten Preises an den Mann gebracht wurde. Seine Höchstgeschwindigkeit lag bei knapp unter 160 km/h, und der T37 verwöhnte auch weniger betuchte Kunden mit dem schon sprichwörtlich guten Handling eines echten Bugatti-Grand-Prix-Rennwagens.

Im Frühjahr 1928 spendierte Bugatti dem „Westentaschen-Rennwagen" den mittlerweile schon zum Werkstandard zählenden Kompressor und erhob das Modell damit zum Typ 37A. Ettore verwendete den kleinen Lader aus dem Typ 38, und ab der Jahresmitte wurde fast kein Vierzylinderrenner mehr ohne Kompressor verkauft. Die Veränderungen gegenüber dem Saugmotormodell hielten sich in Grenzen: Außer dem vor dem Motor montierten Kompressor nebst den dazugehörigen Leitungen und Antriebsteilen, sowie dem Umbau von Batterie- auf Magnetzünder (der wie bei den Achtzylindermodellen an der Motorspritzwand montiert war) blieb das Fahrzeug zunächst unverändert. Erst gegen Ende der Bauzeit erhielt der Typ 37A die größer dimensionierte Bremsanlage

mit verrippten Bremstrommeln aus dem Achtzylinder. Die kompressorgeladene Variante war auch im Rennsport ein voller Erfolg, besonders in der beliebten Voiturette-Klasse (bis 1500 ccm Hubraum). Produziert wurde der Typ 37 bis 1930, wenige Exemplare gelangten noch 1931 zur Auslieferung.

Der Klassiker: Typ 59

1933 übernahm Jean Bugatti in Molsheim das Ruder, während sein Vater Ettore viel Zeit in Paris verbrachte, wo er Projektstudien zu seinen geplanten Schienentriebwagen ausarbeitete und bei den zahlreichen Eisenbahngesellschaften (die erst später zur staatlichen Gesellschaft SNCF zusammengeschlossen wurden) vorsprach. Im elsässischen Werk entstanden inzwischen zwei neue Automobile, der Tourer Typ 57 sowie der für den Rennsport konzipierte, motorisch verwandte Typ 59. Das Tourenmodell wird im letzten Kapitel dieses Buches ausgiebig besprochen, doch zum Typ 59 müssen an dieser Stelle ein paar Worte verloren werden, schließlich war er der letzte ernsthafte Versuch der Firma Bugatti, einen konkurrenzfähigen Rennwagen auf die Räder zu stellen, den man auch profitabel verkaufen konnte. Vom Typ 54, dem unfahrbaren Boliden mit 4,9-Liter-Motor, hatte man ja weder das eine noch das andere behaupten können! Kurioserweise erschien das Rennsportmodell noch bevor die Produktion des Tourers überhaupt angelaufen war — vielleicht, weil noch so viele alte Modelle auf Halde lagen, die man erst loswerden wollte.

Der Typ 59 zählt wohl zu den schönsten zweisitzigen Rennwagen, die je gebaut wurden. Die Karosserie ist ein wahrer ästhetischer Hochgenuß, und die wenigen heute noch existierenden Exemplare gelten zu Recht als automobile Kostbarkeiten von unschätzbarem Wert. Leider wurde dem Typ 59 zu Lebzeiten solcher Ruhm nicht zuteil.

Der Typ 59 war am Ende der Saison 1933 beim Rennen in San Sebastian erschienen, wo lediglich ein siebter und ein achter Rang herausgesprungen waren. Der Achtzylindermotor hatte zunächst einen Hubraum von 2,8 Litern (Bohrung × Hub: 72 × 88 mm) und auch im darauffolgenden Jahr mußte Dreyfus seinen dritten Platz in Monaco noch mit dem „kleinen" Triebwerk erkämpfen. Dann wurde das Aggregat auf 3,3 Liter Hubraum (72 × 100 mm) aufgebohrt, über die der Tourer Typ 57 schon bei seiner Premiere im Frühjahr 1934 verfügt hatte. Wie der vom Miller-Rennwagen inspirierte Typ 51 verfügte auch der Typ 57 über einen einteiligen Zylinderblock mit angegossenem Doppelnockenwellen-Zylinderkopf und schräg hängenden Ventilen, doch hatte Jean die Tassenstößel der Miller-Ventilbetätigung gegen kurze Schlepphebel ausgetauscht.

Die Kurbelwelle drehte sich in sechs Gleitlagern, die von einer Trockensumpf-Umlaufschmierung mit zwei Pumpen mit Öl versorgt wurden. Der Antrieb der auf einer senkrechten Welle sitzenden Ölpumpen erfolgte über ein kompliziertes Räderwerk links neben der Kurbelwelle, das auch den Antrieb der Wasserpumpe und (beim Tourenmodell) der dahinter montierten Lichtmaschine übernahm. Rechts neben der Kurbelwelle saß der Antrieb des Kompressors, der nun mit einem Fallstromvergaser bestückt war und die Einlaßkanäle über eine von unten nach oben weisende Ansaugbrücke beschickte. Die Anwerfkurbel ragte seitlich aus dem Motorraum und bewegte die Kurbelwelle über ein Winkelgetriebe.

Getriebe und Lamellen-Naßkupplung stammten aus dem Typ 54, doch das Hinterachsgetriebe wies als technische Besonderheit ein zusätzliches Stirnradgetriebe auf, da das eigentliche Antriebskegelrad weit unter der Achslinie in das Differentialgehäuse ragte. Dieser Versatz war nötig gewesen, um die Kardanwelle möglichst tief legen zu können und damit die Sitzhöhe nicht in die Höhe zu treiben. Leider erwies sich das Differentialgehäuse als etwas zu schwach dimensioniert und brach unter der Last der doppelten Umlenkung oft regelrecht entzwei.

Das Fahrgestell war zwar völlig neu, wich aber nicht allzusehr von der traditionellen Bugatti-Linie ab. Die Aufnahmen der hinteren Viertelelliptikfedern versteckten sich nicht unter dem spitz zulaufenden Bootsheck, sondern saßen außerhalb der Karosserie am breit geführten Rahmenhinterteil. Auch an der Vorderachse kamen Blattfedern zum Einsatz, eingesteckt in rechteckige Aussparungen in der hohlen, nun jedoch aus zwei Hälften zusammengeschraubten Achse. Die auf die Vorderachse wirkenden Längskräfte wurden von zwei Schubstreben aufgenommen, an deren Enden zwei der sündhaft teuren, hydraulisch vorgespannten de-Ram-Reibungsstoßdämpfer montiert waren. Die Betätigung der großen Trommelbremsen erfolgte nach alter Väter Sitte über Seilzüge. Weniger altväterlich nahmen sich dagegen die neuen Drahtspeichenräder aus: Sie waren mit strahlenförmig zwischen Nabe und Felge gespannten Speichen bewehrt, die natür-

Typ 37/37A Sport

Bauzeitraum	1926 bis 1930
Stückzahl	290

MOTOR

Typ	Zylinderblock mit angegossenem Zylinderkopf, gleitgelagerte Kurbelwelle
Zylinderzahl	4
Bohrung/Hub (mm)	69 × 100
Hubraum (ccm)	1496
Ventile	2 Einlaß-, 1 Auslaßventil pro Brennraum
Zündkerzen	1 pro Brennraum
Kompressor	Nur 37A
Vergaser	1 Zenith oder Solex
Leistung (PS)	T37: zirka 60, T37A: zirka 80 bis 90

KRAFTÜBERTRAGUNG

Kupplung	Lamellen-Naßkupplung
Getriebe	Schaltgetriebe 4+R, Kulissenschaltung

FAHRGESTELL

Radstand	2400 mm
Spur	1200 mm
Federung vorn	Halbelliptik-Blattfedern
Federung hinten	geschobene Viertelelliptik-Blattfedern
Bremsen	seilzugbetätigt
Reifengröße	(moderne Größe) 4.50 × 19"
Räder	Rudge-Drahtspeichenräder

FAHRLEISTUNGEN

Höchstgeschw.	T37: 150 km/h T37A: über 160 km/h

OBEN   Der vierzylindrige Typ 37A mit 1,5 Litern Hubraum und Kompressor entstand aus dem schwächeren Saugmotormodell T37 und war ursprünglich für die beliebte Voiturette-Klasse gedacht, schlug sich jedoch auch bei Bergrennen und lokalen Sprints ausgezeichnet. Wie bei seinem Achtzylinder-Pendant ragte auch hier der von der Nockenwelle angetriebene Magnetzünder in den Innenraum (mit freundlicher Genehmigung von Mr G. Perfect).

RECHTS   Der Typ 37 war die Kombination aus dem simplen, gleitgelagerten Vierzylindermotor des Typ 40 und einem Grand-Prix-Rennwagen-Fahrgestell. Das beliebte Modell wurde oft mit einer alltagstauglichen elektrischen Anlage ausgerüstet und sprach vor allem den begeisterten Sportfahrer an (mit freundlicher Genehmigung von Mr T. Cardy).

lich nur radiale Kräfte aufnehmen konnten. Der Clou dabei war, daß sämtliche Brems-
und Antriebsmomente über eine Verzahnung zwischen Felgenkranz und Bremstrommel
übertragen wurden. Das nach außen weisende Felgenhorn konnte außerdem zur leichte-
ren Reifenmontage abgenommen werden. Nabe und Felge der sehr elegant anzusehen-
den Speichenräder wirkten filigran, doch dafür fielen die Bremstrommeln umso massiver
aus.

Der Typ 59 war zwar ein bemerkenswert starkes und schnelles Automobil, doch die
überholten Radaufhängungen und die seilzugbetätigten Bremsen setzten den im Rennen
fahrbaren Geschwindigkeiten Grenzen. 1934 brachte den Elsässern zahlreiche dritte
Plätze, sowie je einen Sieg in Belgien (René Dreyfus vor Antonio Brivio, ebenfalls auf
Bugatti) und beim Großen Preis von Algerien (Jean-Pierre Wimille). Die mit staatlicher
Unterstützung antretenden italienischen und deutschen Teams beherrschten die Szene
jedoch bald nach Belieben, und Bugatti konnte sich am Ende nicht so im Rennsport
engagieren, wie er zum Zeitpunkt der Konstruktion des Typ 59 vorgehabt hatte. Vier
Exemplare wurden nach England, ein weiteres offenbar an Wimille verkauft und ein,
zwei Wagen in Molsheim „eingemottet". Die britischen T 59 rannten in Brooklands und
Donington unter Lord Howe, Brian Lewis und C.E.C. Martin, und Jean-Pierre Wimille
bewegte seinen Bugatti zumindest noch die folgenden drei Jahre mit einigem Erfolg auf
verschiedenen Pisten.

Der Typ 50B
Mindestens ein T 59-Fahrgestell wurde mit dem neuen 4,7-Liter-Triebwerk mit der
Typenbezeichnung 50B ausgerüstet, das zwar auf dem des Typ 50 basierte, jedoch in
fast allen Details umfangreich modifiziert war. Der Nockenwellenantrieb befand sich
wie beim T 50 an der Motorvorderseite, und die Kurbelwellenlager saßen in einer
Flucht mit der unteren Dichtfläche des einteiligen Motorblocks (siehe letztes Kapitel).

Zwischen 1935 und 1939 entstanden mehrere Versionen des T 50B-Triebwerks mit
3, 4,5 und 4,7 Litern Hubraum, darunter auch Spezialausführungen für den Einsatz in
Rennbooten und ein von der französischen Regierung in Auftrag gegebenes Triebwerk
für ein zweimotoriges Kampfflugzeug, das der in Paris lebende Flugzeugbau-Ingenieur
Louis de Monge zwischen 1937 und 1939 für Bugatti konstruierte.

Jean-Pierre Wimille errang auf seinem Typ 59 einige sportliche Erfolge, teils mit
T 59-Saugmotor, teils mit einem 4,5-Liter-T 50B-Triebwerk, so 1936 in Comminges
und Deauville, 1937 in Pau, Bône und Marne, sowie 1939 in Luxemburg. Zeitweise
bewegte er auch einen schlanken Monoposto-Bugatti, das heißt, eigentlich waren es zwei
verschiedene: Einen mit 4,7 und einen mit 3 Litern Hubraum. Ersterer existiert noch
heute im Automobilmuseum von Mulhouse (der ehemaligen Kollektion Schlumpf),
nachdem er 1936 am Rennen zum Vanderbilt Cup in den USA teilgenommen hatte
(zweiter Platz) und kurz darauf vorübergehend verschwunden war. 1939 erfolgte ein
Auftritt beim Bergrennen im englischen Prescott Hill, und unmittelbar nach Kriegsende
im Bois de Boulogne, wo er den "Coupe des Prisonniers" holte. Der Dreiliter-Monopo-
sto tauchte 1938 auf dem GP von Cork in Irland auf, wo er allerdings nicht in die Punk-
teränge kam. Diese Wagen hielten vor dem Krieg die Bugatti-Fahne hoch, verschlangen
jedoch Unsummen des ohnehin knappen Firmenkapitals.

Noch ein „Panzer": Der Typ 57G
Den ersten „Panzer" hatte Ettore Bugatti für den Grand Prix in Tours 1923 gebaut. Dieser Typ 32 wurde jedoch nicht weiterentwickelt, weil er durch sein ungewöhnliches Aus-
sehen die Käufer verprellte und mit seinem zu kurzen Radstand abenteuerliche Fahreigenschaften an den Tag legte.

1936 entwickelte Ettore zusammen mit seinem Sohn Jean und einigen fähigen Mit-
arbeitern erneut eine stromlinienförmige Karosserie, diesmal für den Sporttourer Typ
57S. Dieser verfügte bereits von Haus aus über einen recht langen Radstand und eine
aerodynamisch "gesunde" Karosserie. Die wenigen entstandenen Exemplare des T 57G
verfügten über nicht kompressorgeladene, aber trotzdem sehr schnelle, getunte Original-
motoren mit 3,3 Litern Hubraum.

Beim Großen Preis von Frankreich in Montlhéry 1936 rollten erstmals drei "Panzer"
an den Start; Wimille und Raymond Sommer gewannen das Rennen souverän. Noch im
selben Jahr stellten Wimille, Williams, Benoist und Pierre Veyron mit dem T 57G einige
internationale Bestzeiten der Kategorie C auf, darunter einen Stundenrekord mit
217,94 km/h und einen 24-Stunden-Rekord mit 199,45 km/h. Die 24-Stunden-Distanz
war offenbar eine besondere Spezialität des Panzerwagens, denn 1937 siegten Wimille
und Robert Benoist bei den 24 Stunden von Le Mans mit einer Durchschnittsgeschwindigkeit von 137 km/h.

1938 fiel das traditionsreiche Rennen aus, doch 1939 war Bugatti wieder mit einem
einzelnen Panzer vertreten. Dabei handelte es sich um einen auf dem normalen Tourer-
fahrgestell basierenden T 57C mit Kompressormotor. Wimille und Veyron gewannen
überragend mit einem Durchschnitt von 139,21 km/h, und Bugatti beteuerte nach dem
Rennen, während der gesamten Distanz die Motorhaube kein einziges Mal geöffnet zu
haben. Auf den langen Geraden hatte der Wagen Geschwindigkeiten von über 255 km/h
erreicht!

*Bugattis letzter Angriff auf die Krone des Automobilrennsports war der phantastische Typ 59
mit kompressorgeladenem 3,3-Liter-Doppelnockenwellen-Achtzylindermotor. Der Wagen wies
einige ungewöhnliche Details wie z.B. die Radialspeichenräder auf und trug unverkennbar die
Handschrift von Jean Bugatti. Bei dem abgebildeten Exemplar handelt es sich um einen Ex-
Werkswagen von 1934, der 1935 an Lord Howe verkauft wurde. Er ließ den Wagen im
Januar 1936 nach dem East London Grand Prix in Südafrika zurück. Nach dem Zweiten
Weltkrieg kam der Rennwagen zurück nach England, wo er heute noch von seinem jetzigen
Besitzer auf der Rennstrecke bewegt wird (mit freundlicher Genehmigung von Mr N. Corner).*

Typ 59 Grand Prix	
Bauzeitraum	1934 bis 1936
Stückzahl	6, plus Sonderversionen
MOTOR	
Typ	Zylinderblock mit angegos-senem Zylinderkopf, gleit-gelagert, zwei obenlie-gende Nockenwellen, Trockensumpfschmierung
Zylinderzahl	8
Bohrung/Hub (mm)	72 x 100
Hubraum (ccm)	3257
Ventile	1 Einlaß-, 1 Auslaßventil pro Brennraum
Zündkerzen	1 pro Brennraum
Kompressor	Ja
Vergaser	2 Zenith oder Bugatti
Leistung (PS)	zirka 250
KRAFTÜBERTRAGUNG	
Kupplung	Lamellen-Naßkupplung
Getriebe	Schaltgetriebe 4+R, Mittel-schaltung, Zwischenge-triebe an der Hinterachse
FAHRGESTELL	
Radstand	2600 mm
Spur	1250 mm
Federung vorn	Halbelliptik-Blattfedern
Federung hinten	geschobene Vierteleliptik-Blattfedern
Bremsen	seilzugbetätigt
Reifengröße	(mod. Größe) 6.00 x 19"
Räder	Bugatti-Radial-Drahtspeichenräder
FAHRLEISTUNGEN	
Höchstgeschw.	über 250 km/h

LINKS Der 4,7-Liter-Monoposto, dessen Typenbezeichnung 50B sich eigentlich nur auf das Triebwerk bezieht. Das Fahrgestell stammt aus einem Typ 59, doch der Doppelnockenwellen-Kompressormotor wurde von Jean Bugatti und seinem kleinen Team unter der Leitung von Antoine Pichetto konstruiert. Der Wagen hatte vor dem Krieg einige aufsehenerregende Erfolge (mit freundlicher Genehmigung des Musée National de l'Automobile, Mulhouse).

RECHTS Ettore Bugatti und sein Assistent Nol Dombay begannen in Paris 1944 mit der Arbeit an einem vierzylindrigen Rennwagen mit 1,5 Litern Hubraum (Typ 73C), der nach dem Krieg an die große Tradition der Marke anknüpfen sollte. Man munkelte von einer geplanten Auflage von 25 Stück, und wer Interesse hatte, der mußte das Projekt mitfinanzieren. Das Konstruktionskonzept war nicht schlecht, doch die Entwicklung hatte erst begonnen, als Ettore 1947 verstarb (mit freundlicher Genehmigung der Donington Collection).

Wenig später schlug das Schicksal unerbittlich zu. An einem warmen Augustabend wollte Jean Bugatti den Wagen vor dem bevorstehenden Rennen in La Baule noch einmal probefahren. Zwei Arbeitskollegen sicherten die Straße zwischen Molsheim und Strasbourg, indem sie den spärlichen Verkehr stoppten. Da ereignete sich das verhängnisvolle Unglück: Ein Radfahrer kreuzte unvermittelt den Weg des mit Höchstgeschwindigkeit daherrasenden Fahrzeuges, Jean Bugatti versuchte ihm auszuweichen, kam dabei von der Straße ab und überschlug sich mehrmals. Er war auf der Stelle tot.

Zwei Wochen später brach der Zweite Weltkrieg aus, und Ettore mußte zum zweiten Mal in seinem Leben vor den anrückenden Deutschen flüchten. Von diesem doppelten Schicksalsschlag sollte sich die Firma nie mehr erholen.

Der Prototyp 73C

Ettore Bugattis letztes Werk war der Entwurf eines 1,5-Liter-Rennwagens für die Zeit nach dem Krieg. Leider starb der leidgeprüfte Bugatti im Jahre 1947, noch bevor der Wagen Gestalt angenommen hatte. Sein anderer Sohn, Roland, mühte sich jahrelang mit dem Bau eines Prototyps der Konstruktion von 1944/45 ab, doch es gelang ihm nie, den Rennwagen zu komplettieren. Dieser wurde zusammen mit zwei Ersatzfahrgestellen und zwei Motoren in den sechziger Jahren verkauft und in der Folgezeit mehr oder weniger vervollständigt. Ein solches Fahrzeug befindet sich heute in privater Hand, die beiden anderen stehen in Museen: Eins in der Donington Collection, und das andere im Automobilmuseum in Mulhouse.

Der Typ 251: Ein Bugatti nur dem Namen nach

1953 engagierte das Molsheimer Werk unter der Leitung von Roland Bugatti den italienischen Starkonstrukteur Gioacchino Colombo für die Konstruktion eines Grand-Prix-Rennwagens mit Achtzylindermotor. Das quer vor der Hinterachse eingebaute 2,5-Liter-Triebwerk mit 75 mm Bohrung und 68,8 mm Hub (2432 ccm) verfügte über zwei obenliegende Nockenwellen, deren Antrieb wie bei Ettores Typ 44 zwischen den Zylindern 4 und 5 verlief. Der Wagen hatte einen Gitterrohrrahmen, und Roland hatte darauf bestanden, daß Colombo eine starre, rohrförmige Vorderachse verwendete, die in ihrer Mitte über einen Zapfen in einer senkrechten Nut geführt wurde! Hinten kam ebenfalls eine starre, allerdings nach dem De-Dion-Prinzip aufgebaut Rohrachse zum

Einsatz. Der Typ 251 wurde erstmals im Oktober 1955 getestet und danach für den Großen Preis von Frankreich in Reims 1956 gemeldet. Der Fahrer Maurice Trintignant hielt 18 Runden im Cockpit durch, dann stieg er aus und bezeichnete den Wagen als eine „Todesfalle"! Das Fahrzeug wurde zurück nach Molsheim gebracht und nie wieder eingesetzt. Heute fristet der Wagen sein Dasein im Automobilmuseum von Mulhouse, wo das Bugatti-Emblem auf der Haube das Interesse der fachkundigen Besucher weckt.

LINKS Kein echter Bugatti, weil kein Bugatti mit Konstruktionserfahrung an seiner Entstehung mitgewirkt hatte, war der Typ 251, ein fehlgeschlagener Versuch von Roland Bugatti, in den fünfziger Jahren wieder in das Grand-Prix-Geschäft einzusteigen. Riesige Summen wurden in das ehrgeizige Projekt investiert und mit Gioacchino Colombo sogar einer der renommiertesten italienischen Konstrukteure verpflichtet, doch der Niedergang der Firma Bugatti wurde damit eher beschleunigt (mit freundlicher Genehmigung des Musée National de l'Automobile, Mulhouse).

Die Grand-Sport-Modelle

Bereits in der Frühzeit des Automobils entstand ein lukrativer Markt für Fahrzeuge, die den größten Vorzug automobiler Fortbewegung kultivierten: Die Geschwindigkeit. Für den Rennsport waren noch vor dem Ersten Weltkrieg eine Reihe von Spezialversionen entwickelt worden, und schon bald verlangte eine einigermaßen wohlhabende Klientel nach entsprechenden Automobilen für öffentliche Straßen. Anfangs mußte sich mit umgebauten Rennwagen zufriedengeben, doch nach dem Krieg hatten Vauxhall mit dem 30/98 und Bentley mit dem Dreiliter als erste Automobilhersteller echte „Grand-Sport-Modelle" in ihrem Programm. In Großbritannien und anderswo mußten sich die rasch auf den Markt drängenden „Sportwagen" mit dem Vauxhall messen, der aus seinen auf vier Zylinder verteilten 4 oder 4,5 Litern Hub-

CLG 707

raum entsprechend viel Leistung schöpfte und mit einer Höchstgeschwindigkeit von 140 bis 150 km/h das Tempo vorgab.

In der Entwicklungsgeschichte des Sportwagens gibt es jedoch zwei wichtige von Bugatti gesetzte Meilensteine. In beiden Fällen entstand auf einem erfolgreichen Rennwagenchassis eine in Serie produzierte Sportwagenversion; das erste Mal 1927, als unter der Bezeichnung T 43 ein modifizierter T 35B in den Prospekten auftauchte, und dann noch einmal 1931 mit der Metamorphose des T 51 zum T 55. Somit geht der erste 100-Meilen-Sportwagen auf Bugattis Konto, wenngleich auch der Kompressor-Bentley und der Alfa Romeo 1750 aus demselben Holz geschnitzt waren.

Der schnelle Typ 43

Das Besondere am Saugmotor-Rennwagen Typ 35 war das phänomenale Durchzugsvermögen des Triebwerks. Mit ganz zurückgenommener Zündung konnte der Wagen im höchsten Gang ungerührt mit 32 km/h dahintuckern und ruckfrei bis zur Höchstgeschwindigkeit beschleunigen. Der Ende 1926 erschienene, kompressorgeladene Typ 35C verfügte über dieselben Qualitäten im unteren Drehzahlbereich, bot obenherum jedoch deutlich mehr Leistung. Für längere Bummelfahrten war der Kühler jedoch unterdimensioniert, und der spartanische Karosserieaufbau eignete sich kaum für den Alltagsbetrieb.

Zusammen mit dem 2,3 Liter großen Typ 35B erschien im Frühjahr 1927 der Typ 43 mit einem neuen Rahmen aus bauchig geschwungenen Längsträgern, deren Kontu-

ren wie beim Rennwagen von der Karosseriebeplankung nachgezeichnet wurden. Die Anlenkungen der geschobenen Blattfederstummel an der Hinterachse ragten jedoch seitlich unter der nach hinten verjüngten Heckpartie hervor. Das Triebwerk war praktisch mit dem des Typ 35B identisch (8 Zylinder, B × H: 60 × 100 mm, 2,3 Liter Hubraum, drei Ventile pro Brennraum, mit Motordrehzahl laufender Roots-Kompressor), lediglich die hinteren Halterungen am Kurbelgehäuse mußten gekürzt werden, weil das Rahmenvorderteil aus dem normalen Tourer-Fahrgestell stammte.

Vorder- und Hinterachse stammten aus dem Typ 38 (siehe Seite 28), waren jedoch mit den Aluminiumrädern der Rennversion bestückt. Wegen des höheren Gewichts des Grand-Sport-Modells fanden die größeren Bremstrommeln des Typ 38 Verwendung, doch der Felgenkranz war noch mit dem Rad verschraubt. Die Rennversion T 35B sollte kurze Zeit später ebenfalls die größer dimensionierten Bremsen erhalten.

Der Kühler (ohne Lüfter) wurde aus dem Typ 38 übernommen, Motorspritzwand und Armaturenbrett mit Magnetzünder stammten dagegen aus dem Rennwagen. Die Instrumententafel war reichhaltig ausgestattet und mit den Schaltereinheiten für die elektrische Beleuchtungs- und Anlasseranlage bestückt. Gespeist wurde die Elektrik von einer an der Motorvorderseite angebrachten Lichtmaschine; der Anlasser saß auf dem rechten hinteren Motorausleger.

Typ 43/43A Grand Sport

Bauzeitraum	T43: 1927 – 30, T43A: 1931 – 32
Stückzahl	160

MOTOR

Typ	Zwei Vierzylinderblöcke mit angegossenen Zylinderköpfen, obenliegende Nockenwelle, rollengelagerte Kurbelwelle und Pleuel
Zylinderzahl	8
Bohrung/Hub (mm)	T43: 60 × 100
Hubraum (ccm)	2262
Ventile	2 Einlaß-, 1 Auslaßventil pro Brennraum
Zündkerzen	1 pro Brennraum
Kompressor	Ja
Vergaser	1 Zenith oder Solex
Leistung (PS)	zirka 120

KRAFTÜBERTRAGUNG

Kupplung	Lamellen-Naßkupplung
Getriebe	Schaltgetriebe 4+R, Mittelschaltung

FAHRGESTELL

Radstand	2970 mm
Spur	1250 mm
Federung vorn	Halbelliptik-Blattfedern
Federung hinten	geschobene Viertelelliptik-Blattfedern
Bremsen	seilzugbetätigt
Reifengröße	(mod. Größe) 5.00 x 19"
Räder	Aluminiumguß-Speichenräder mit integrierter Bremstrommel, abnehmbarer Felgenkranz

FAHRLEISTUNGEN

Höchstgeschw.	zirka 170 km/h

Die schnörkellos gezeichnete Karosserie orientierte sich stilistisch an der des Rennwagens und verfügte aus Gründen der Verwindungssteifigkeit nur über eine einzelne Tür an der linken Seite. Die Fahrersitzlehne ließ sich nach vorne klappen und gab den Zugang zu einem kleinen Fondabteil frei, in dem zwei kleingewachsene Passagiere Platz fanden — die offizielle Bezeichnung lautete denn auch „3-Sitzer"!

Die festmontierte Windschutzscheibe (ohne Scheibenwischer) tauschten viele Besitzer gegen eine klappbare aus. Das ausgeklügelte Faltverdeck wurde von einer filigranen Rohrkonstruktion in Form gehalten und sah im Gegensatz zu den meisten zeitgenössischen Wetterschutzausrüstungen auch in geschlossenem Zustand gut aus.

Der erste Typ 43 wurde im März 1927 ausgeliefert, und trotz seines hohen Preises entwickelte sich das Modell rasch zu einem Renner, dessen Verkaufszahlen die der Rennversion sogar noch übertrafen. Insgesamt entstanden zirka 160 Exemplare, die meisten davon zwischen 1927 und 1930, in den nachfolgenden drei Jahren bereits deutlich weniger, und danach noch eine Handvoll auf besondere Bestellung.

Ettore Bugatti demonstrierte die Durchzugskraft des Triebwerks oft, indem er den Motor startete, den höchsten Gang einlegte und einfach davonfuhr! Der Typ 43 war vielleicht nicht ganz so behende wie der Rennwagen, doch dafür waren schnelle Überlandfahrten seine Domäne, auf denen mit verblüffendem Komfort Durchschnittsgeschwindigkeiten von 125 km/h eingehalten werden konnten.

den Typ 43A nun mit einer solchen, von Jean gezeichneten, zweitürigen Spiderkarosserie mit reichhaltiger Instrumentierung und einem separatem Fach für Golfschläger! Die Karosserie war schwerer geworden und die Fondsitze noch umständlicher zu erreichen, aber die Kundschaft war zufrieden.

Die Achillesferse aller Versionen des Typ 43 war die Grand-Prix-Kurbelwelle, die bei weitem nicht die Laufleistungen erreichte, die man für den horrenden Preis hätte erwarten dürfen. Wegen der sehr kurzen Pleuel wurden die Rollenlager in den Pleuelfüßen extrem beansprucht, vor allem, wenn der Fahrer dem Motor keine ausreichende Warmlaufphase gönnte. In dem noch zähen Öl drehten sich die Rollen dann nicht mit, sondern wurden zwischen den Lagerschalen förmlich zermahlen. Ein weiteres Problem waren die wegen des fetten Kraftstoffgemisches entstehenden Ölkohleablagerungen, die den Schmierstoff verunreinigten und die Bohrungen in der Kurbelwelle zusetzten.

Nun legte ein rennmäßig vorbereiteter T 35B übers Jahr nur verhältnismäßig wenige Kilometer zurück, und sein Motor wurde normalerweise in kurzen Abständen zerlegt und gewartet. Der Fahrer eines Typ 43 war dagegen kaum geneigt, das Triebwerk alle 10 000 Kilometer zu demontieren, zu reinigen und die Kurbelwelle neu zu lagern. Da verwundert es nicht, daß die meisten T 43 oft gesehene Gäste in den diversen Bugatti-Werkstätten waren und ihren Besitzern die Geldscheine nur so aus der Tasche zogen.

OBEN   *Campbells Wagen fing bei der Ulster-TT 1928 in der Boxengasse Feuer.*

Typ 55 Super Sport	
Bauzeitraum	1932 bis 1935
Stückzahl	38
MOTOR	
Typ	Zylinderblock mit angegossenem Zylinderkopf, zwei obenliegende Nockenwellen, rollengelagerte Kurbelwelle und Pleuel
Zylinderzahl	8
Bohrung/Hub (mm)	60 x 100
Hubraum (ccm)	2262
Ventile	1 Einlaß-, 1 Auslaßventil pro Brennraum
Zündkerzen	1 pro Brennraum
Kompressor	Ja
Vergaser	1 Zenith oder Solex
Leistung (PS)	zirka 130
KRAFTÜBERTRAGUNG	
Kupplung	Lamellen-Naßkupplung
Getriebe	Schaltgetriebe 4+R, Mittelschaltung mit Kugelgelenkfuß
FAHRGESTELL	
Radstand	2750 mm
Spur	1250 mm
Federung vorn	Halbelliptik-Blattfedern
Federung hinten	geschobene Viertelelliptik-Blattfedern
Bremsen	seilzugbetätigt
Reifengröße	5.00 x 19"
Räder	Aluminiumguß-Speichenräder mit integrierter Bremstrommel
FAHRLEISTUNGEN	
Höchstgeschw.	zirka 180 km/h

RECHTS UND GEGENÜBERLIEGENDE SEITE   *Für viele Fans der Molsheimer Marke ist der Typ 55 der schönste Sportwagen, der jemals gebaut wurde. Nicht nur die perfekte Linienführung ist bestechend, auch Leistung und Fahrverhalten lagen weit über dem automobilen Durchschnitt (mit freundlicher Genehmigung von Mr N. Corner).*

Der erste Bugatti Grand Sport war wie geschaffen für den ambitionierten Sportsmann (oder -frau) und machte auf Wettbewerben, Rallyes, Berg- oder Sportwagenrennen wie beispielsweise in Brooklands stets eine gute Figur. Das Werk beteiligte sich 1928 und 1929 offiziell an den Rennen zur Tourist Trophy in der nordirischen Provinz Ulster. 1928 wurden die drei gemeldeten Wagen von Lord Howe, Malcolm Campbell und dem Werksfahrer Dutilleux bewegt. Letzterer brachte seinen Wagen als einziger ins Ziel, Howe fuhr kurz vor seinem Ausfall die schnellste Runde seiner Klasse, Campbells Typ 43 fing bei einem Boxenstopp Feuer und brannte fast völlig aus.

1929 schickte Molsheim vier Wagen zur TT, drei gingen an den Start (mit Divo, Williams und Graf Carlo Conelli), aber leider erreichte diesmal kein einziger Bugatti das Ziel. Bugatti vom Typ 43 sah man auch auf Langstreckenrennen in Brooklands und im Phoenix Park in Dublin, doch blieben sie im allgemeinen ohne nennenswerten Erfolg. Zweifellos hatten die Antriebsaggregate kein leichtes Spiel mit dem zusätzlichen Gewicht der Straßenausrüstung, obwohl dieses Handicap bei Kurzstreckenrennen und auf rasanten Privatausfahrten kaum zum Tragen kam. Der Typ 43 war auch lange nach seinem Erscheinen im Jahre 1927 noch ein äußerst begehrtes Bugatti-Modell, das sich eines ausgezeichneten Rufes als schnelles, problemloses Reisefahrzeug mit sehr guten Bremsen erfreute. Auch heute noch kann ein guterhaltenes Exemplar mühelos 160 km/h erreichen und in weniger als 17,5 Sekunden aus dem Stand über die 400-m-Distanz sprinten.

Ende der zwanziger Jahre begann die Kundschaft die eintürige Grand-Sport-Karosserie zu verschmähen, und amerikanische Roadster-Aufbauten mit versenkbarem „Schwiegermuttersitz" (in Frankreich *spider* genannt) kamen in Mode. Bugatti versah

Der elegante Typ 55

Der Mythos um die Molsheimer Marke, die unglaublichen Leistungsdaten und vielleicht auch die aufregende Geräuschkulisse von Auspuff, Kompressor und den zahlreichen Zahnrädern lockten immer neue Kunden an. Jean Bugatti, der ein Gespür für Farben und Formen entwickelt hatte, machte sich an die Konstruktion eines neuen technischen und ästhetischen Meisterstücks: den Typ 55. Er entwickelte ihn aus dem erfolgreichen Doppelnocken-Rennwagen Typ 51 in ähnlicher Weise, wie wenige Jahre zuvor der Typ 43 aus dem T 35B entstanden war.

In Molsheim lagen einige übriggebliebene T 45/47-Chassis des nicht in Produktion gegangenen 16-Zylinder-Kraftprotzes herum, der als Typ 54 mit 4,9 Liter Hubraum ein kurzes Gastspiel auf den Rennstrecken Europas gegeben hatte. 1931 wurde auf Jeans Betreiben ein 2,1-Liter-Triebwerk aus einem Typ 51 in ein solches Fahrgestell verpflanzt, das mit Achsen aus dem T 43, einem Tourer-Getriebe mit Kugelgelenkfuß-Schaltung und neuem Gehäuse sowie einem neuen Kühler versehen wurde.

Für den so entstandenen Typ 55 entwarf Jean in Anlehnung an den T 43A eine zweisitzige Roadster-Karosserie ohne Türen, dafür aber mit tief heruntergezogenen Seitenteilen, die einen einigermaßen bequemen Einstieg ermöglichten. Lange, fließende

Kotflügel mit Trittbrettern erstreckten sich von der stolz aufragenden Frontpartie mit einzelstehenden Scintilla-Scheinwerfern bis zu dem sich nach hinten verjüngenden, elegant gerundeten Heck. In dieses war ein kleiner *spider*-Notsitz eingelassen, hinter dem zwei Bugatti-Aluminiumspeichen-Reserveräder thronten. Ein hübsches, zweisitziges Coupé mit denselben geschwungenen Kotflügeln wurde parallel zum Roadster angeboten, wobei sich letzterer jedoch etwas besser verkaufte.

Bugatti hatte einen recht „amerikanisierten" Zweisitzer auf die Räder gestellt, der vielleicht zu den schönsten Sportwagenkreationen aller Zeiten gerechnet werden darf. Nun läßt sich zwar über Geschmack streiten, jedoch nicht über Fahrleistungen, und in diesem Punkt war der Typ 55 über jeden Zweifel erhaben. Die vom Werk angegebene Höchstgeschwindigkeit von 195 km/h erscheint Experten allerdings etwas zu hoch gegriffen: Eher dürften es wohl 175 km/h gewesen sein, was für 1932 aber auch schon eine schier unglaubliche Geschwindigkeit war. Während sich die Zündkerzen im T 43 noch aufgrund des fetten Vergasergemischs im Stadtverkehr schnell zusetzten, überraschte das Doppelnockenwellentriebwerk des Typ 55 mit einer sauberen, problemlosen Verbrennung. Journalisten der Zeitschrift *Motor Sport* hatten im Juli 1932 Gelegenheit, den Roadster zu fahren, und waren begeistert:

„Der getestete Wagen verfügte über eine ansprechende, komfortable Zweisitzerkarosse mit großem Gepäckraum und war in den Farben schwarz und rot sehr gefällig lackiert. Die üppige Polsterung tat ein Übriges, um die traditionell ziemlich spartanischen Bugatti-Ausstattungen rasch in Vergessenheit geraten zu lassen.

Die Straßen der Londoner Südstadt waren wie immer dicht befahren und boten eine willkommene Gelegenheit, das Durchzugsvermögen des 2,3-Liter-Bugatti auf die Probe zu stellen. Das Auspuffgeräusch ist angenehm zurückhaltend, und im Innenraum vernimmt man kaum mehr als ein leises Summen. Beim Zurückschalten läßt sich jedoch ein Teil des wahren Charakters dieses Wagens erahnen, denn Kompressor und dessen Antrieb entwickeln ein kerniges Geräusch, das wie ein vielstimmiges „Hurra" klingt — dem wir uns übrigens anschließen!

Die Sitzhaltung ist um einiges aufrechter als in einem gewöhnlichen Sportwagen, der Kardantunnel trennt den vorderen Fußraum in zwei tiefe Mulden. Das Lenkrad liegt förmlich auf dem Schoß des Fahrers; Schalthebel, Handbremse und Zündzeitpunktversteller befinden sich unter der linken Hand. Die schräggestellte Windschutzscheibe erfüllt ihren Zweck ordentlich, und das Fahrverhalten ist untadelig. Der dichte Verkehr hierzulande ließ es uns nicht ratsam erscheinen, schneller als 160 km/h zu fahren, doch ein Testfahrer berichtete voller Stolz, um halb sechs

Uhr in der Frühe Tempo 180 erreicht zu haben. Bei Geschwindigkeiten über 130 km/h wird das Geräusch des Kompressorantriebs so hochfrequent, daß es das menschliche Ohr kaum mehr wahrnimmt, und man hat das Gefühl in einem schnellen Flugzeug dahinzugleiten, mit nichts als dem rauschenden Fahrtwind als Begleiter. Kurvenfahrten gelingen mühelos, und wenn man eine Kehre mal zu schnell nimmt, scheint der Wagen den Fehler ohne Zutun des Fahrers zu korrigieren."

Im Vergleich zum Typ 43 nimmt sich die Produktion des Typ 55 eher bescheiden aus: Nur 38 Stück wurden komplettiert (T43: 160). Das erste Exemplar wurde im Oktober 1931 auf dem Pariser Automobilsalon an den Duc de Trémoile verkauft, Bugatti-Rennfahrer Meo Constantini sowie König Leopold von Belgien (ein treuer *bugattiste*) bestellten ihre noch vor Ort. 23 Fahrzeuge entstanden 1932, die restlichen Exemplare in den drei Folgejahren.

Die meisten Bugatti vom Typ 55 erhielten einen von Jean Bugatti gestylten Roadster-Aufbau, nur wenige Kunden wandten sich an Spezialkarossiers wie Van Vooren oder Figoni. Heute zählt der Typ 55 zu den gesuchtesten Bugatti-Modellen.

Der Typ 55 mit der in Molsheim gestylten Coupé-Karosserie (links) ist formal ebenso gelungen wie der Roadster. Unten ein von Figoni karossierter Typ 55, der ursprünglich mit einem Weymann-Aufbau versehen worden war und 1932 am 24-Stunden-Rennen von Le Mans teilnahm. Louis Chiron und Guy Bouriat hatten jedoch kein Glück, und so wurde der Wagen umkarossiert und mit mehr Erfolg bei zahlreichen Vorkriegs-Rallyes eingesetzt (mit freundlicher Genehmigung von Mr G. St John).

Die
Grand-Touring-
Modelle

A us einem Brief an seinen Freund und späteren Kollegen Dr. G. Espanet aus dem Jahre 1913 geht hervor, daß Ettore Bugatti sich bereits zu diesem Zeitpunkt mit dem Gedanken an die Konstruktion eines großen Herrschaftswagens vom Schlage eines Hispano-Suiza oder Rolls-Royce trug. An die Erfüllung dieses Wunschtraums war jedoch erst zu denken, als sich Mitte der zwanziger Jahre die ersten kommerziellen Erfolge abzuzeichnen begannen.

Bugattis Vorgehensweise war typisch für sein kreatives Genie, aber auch für seine wirtschaftliche Unvernunft, an der sich selbst nach zahlreichen Erfolgen und Mißerfolgen nichts ändern sollte! Die Könige, für die er den monströsen Royale mit 12,7-Liter-Motor baute, kauften den Wagen nicht, und so konstruierte er den etwas vernünftigeren T 46 mit 5,3-Liter-Maschine, der 400 Käufer fand, bevor die Weltwirtschaftskrise die Verkaufszahlen in den Keller fallen ließ. Daraufhin versah er das Triebwerk mit zwei obenliegenden Nockenwellen und einem Kompressor, wodurch der so entstandene Typ 50 wieder einige Jahre lang Geld in die Kassen brachte. Sein Sohn Jean entwickelte daraus schließlich den 3,3 Liter großen Typ 57, der in den Jahren 1932 bis 1939 das Rückgrat der Molsheimer Produktion bildete.

Der Typ 41 Royale
Bugatti hatte 1923 im Auftrag der französischen Regierung unter der Typenbezeichnung T 34 eine Studie zu einem Achtzylinder-Flugmotor mit 125 mm Bohrung ausgearbeitet, und wenngleich aus dem Projekt nichts wurde, so hatte er 1926 für seine Königslimousine doch zumindest ein standesgemäßes Aggregat zur Verfügung. Bei dieser höchst interessanten Blockkonstruktion mit integriertem Zylinderkopf und dem üblichen Bugatti-Dreiventilarrangement waren die Stege zwischen den Zylinderbohrungen nach unten verlängert und nahmen die Kurbelwellenhauptlager auf, so daß die durch die Verbrennungsexplosionen freiwerdenden Kräfte in einem einzigen, ungeteilten Block wirkten. Was von außen wie das eigentliche Kurbelgehäuse aussah war in Wirklichkeit nur eine Ölwanne. Dieses Konzept hatte allerdings einen kleinen Schönheitsfehler: Zu jeder Ventildemontage mußte die Kurbelwelle und damit der gesamte Motor ausgebaut werden!

Die Kurbelwelle drehte sich in neun Hauptlagern und verfügte erstmals über als Ausgleichsgewichte ausgebildete Kurbelwangen. Der erste T 41-Triebwerksprototyp hatte 150 mm Hub und reichlich 14,7 Liter Hubraum, doch für die Serie reduzierte Bugatti dieses Maß auf 130 mm, woraus sich immer noch 12,7 Liter Hubraum ergaben! Dieses Triebwerk war seinerzeit das größte in einem Serienautomobil verwendete Aggregat, hubraumstärker noch als die meisten in den USA oder bei Hispano-Suiza in Frankreich produzierten Zwölfzylinder. Nach der vor dem Zweiten Weltkrieg vom Britischen Automobilclub RAC aufgestellten Besteuerungsformel hatte der Royale 77

Steuer-PS, der Hispano-Suiza V12 75, der Marmon V12 63 und der 16-Zylinder von Cadillac dagegen „nur" 58!

Die Abmessungen des Fahrgestells stießen in ähnliche Dimensionen vor: Die Spurweite betrug 1600 mm und der Radstand stolze 4300 mm — einen halben Meter mehr als beim größten Rolls-Royce dieser Zeit! Das Fahrwerk war von der polierten Rundmaterial-Vorderachse bis zu den geschobenen Viertelelliptikfedern an der Hinterachse Bugatti-typisch konventionell ausgelegt. Hinter dem Motor saß in einem separaten Gehäuse die Kupplung, das Dreiganggetriebe war in der Hinterachse untergebracht. Die mächtigen 24-Zoll-Räder mit den voluminösen Reifen der Dimension 6.75 × 36" waren prunkvolle, hochglanzpolierte Aluminiumgußteile. Trotz der wahrhaft gigantischen Abmessungen führte Bugatti an, daß der Koloß auch von einer Dame gesteuert werden könne.

Der Prototyp wurde zunächst mit der Karosserie eines Packard-Tourenwagens versehen, den Bugatti zu Test- und Studienzwecken nach Molsheim geholt hatte. Dasselbe Chassis erhielt in der Folgezeit zwei geschlossene Aufbauten, ehe es mit einer eleganten Coach-Karosserie von Weymann versehen wurde, mit der Ettore auf der Strecke zwischen Paris und Molsheim von der Straße abkam — böse Zungen behaupten, er sei nach einem opulenten Mittagsmahl hinter dem Steuer eingeschlafen! Danach wurde der Wagen mit einem neuen Rahmen in Molsheim wieder aufgebaut und als „Coupé Napoléon" mit kleiner Fondkabine und offenem Chauffeursstand hinter einer endlos langen Motorhaube karossiert. Dieses Exemplar blieb lange Jahre in Familienbesitz und ist heute in der ehemaligen „Kollektion Schlumpf" im Automobilmuseum von Mulhouse zu bewundern (Fritz Schlumpf hatte die komplette Molsheimer Sammlung in den sechziger Jahren erworben, als die Firma Bugatti in finanziellen Schwierigkeiten steckte).

Der Verkauf des Royale lief nur schleppend an (schließlich kostete der Wagen dreimal so viel wie der teuerste Rolls-Royce!), und das erste Exemplar kam erst im April 1932 zur Auslieferung. Der Käufer war der Textilfabrikant Armand Esders, für den Jean Bugatti eine schlanke Roadster-Karosserie entworfen hatte. Da Esders niemals bei Nacht fuhr, verfügte diese für ein so mächtiges Chassis ausgesprochen zierliche Karosserie über keinerlei Beleuchtung! Später wurde das Fahrgestell mit einer Coupé-Karosserie von Binder versehen (heute in der Harrah-Sammlung in Reno, Nevada). Im Mai 1932 erhielt der Deutsche Dr. J. Fuchs ein Fahrgestell, für das er bei dem Münchener Karosseriebauer Weinberger einen Cabrioletaufbau anfertigen ließ (heute im Ford-Museum in Dearborn, Michigan). Das dritte Chassis wurde im Juni 1933 an den britischen Offizier Cuthbert Foster ausgeliefert, der bei Park Ward eine gediegene Limousinenkarosserie bestellte, die sich stilistisch an seinem Rolls-Royce, Baujahr 1920, orientierte. Dieser Wagen befindet sich heute ebenfalls im Automobilmuseum von Mulhouse.

Die beiden danach entstandenen Fahrgestelle, eine geschlossene Version von

RECHTS *Der Royale-Prototyp trug anfangs die modifizierte Karosserie eines amerikanischen Packard-Tourenwagens, den Bugatti zu Studienzwecken gekauft hatte. Der Motor hatte noch 150 mm Hub und 14,7 Liter Hubraum, also gut zwei Liter mehr als die in Kleinstserie produzierten Versionen. Auch die Räder waren noch geringfügig anders gestylt. Ettore bereiste halb Europa in diesem Wagen, so auch San Sebastin in Spanien, wo König Alfonso sich äußerst interessiert zeigte. Vermutlich hätte er einen Royale gekauft, wäre er nicht zuvor gestürzt worden. Das Chassis wurde in Molsheim später mit einer geschlossenen Karosserie versehen.*

LINKS *Das Chassis des Prototyps wurde anschließend mit einer eleganten, zweitürigen Coach-Karosserie von Weymann ausgestattet und gewann einen Preis auf einem concours d'élégance. Bugatti hatte mit diesem Wagen auf dem Heimweg von Paris nach Molsheim einen schweren Unfall — er sei nach einem opulenten Mahl am Steuer eingeschlafen, heißt es. Der Wagen wurde mit einem neuen Rahmen unter Beibehaltung der originalen Fahrgestellnummer (41100) neu aufgebaut.*

Typ 41 Royale	
Bauzeitraum	1929 bis 1932
Stückzahl	6
MOTOR	
Typ	Zylinderblock mit angegossenem Zylinderkopf, integrierte Kurbelwellenhauptlager
Zylinderzahl	8
Bohrung/Hub (mm)	125 x 130
Hubraum (ccm)	12.763
Ventile	2 Einlaß-, 1 Auslaßventil pro Brennraum
Zündkerzen	2 pro Brennraum
Kompressor	Nein
Vergaser	1 Bugatti
Leistung (PS)	zirka 275
KRAFTÜBERTRAGUNG	
Kupplung	Mehrscheiben-Trockenkupplung
Getriebe	Schaltgetriebe 3+R, an der Hinterachse
FAHRGESTELL	
Radstand	4300 mm
Spur	1600 mm
Federung vorn	Halbelliptik-Blattfedern
Federung hinten	geschobene Viertelelliptik-Blattfedern
Bremsen	seilzugbetätigt
Reifengröße	6.75 x 36"
Räder	Aluminiumgußräder
FAHRLEISTUNGEN	
Höchstgeschw.	über 160 km/h

LINKS *Der letzte Aufbau, der das Prototypen-Chassis zieren sollte, war dieses „Coupé Napoléon", ein zwei- bis dreisitziger Brougham mit offenem Chauffeursstand. Dieser Karosseriestil ging zurück auf die längst vergangene Zeit der herrschaftlichen Pferdekutschen, und Ettore scheint eine besondere Vorliebe für diese Hippomobile gehabt zu haben. Der Wagen diente der Familie Bugatti lange Jahre als Repräsentationsfahrzeug und wurde in den sechziger Jahren zusammen mit dem Rest der Sammlung von Fritz Schlumpf erworben (mit freundlicher Genehmigung des Musée National de l'Automobile, Mulhouse).*

LINKS, OBEN *Dr. J. Fuchs nahm sein von Weinberger in München karossiertes Cabriolet mit nach Schanghai und später in die Vereinigten Staaten. Dieser T41 befindet sich heute im Ford-Museum in Dearborn.*

LINKS, DARUNTER *Der letzte in Mols-heim entstandene Royale, eine „Berline de Voyage", fand vor dem Zweiten Weltkrieg keinen Käufer mehr und ging später in die USA. Heute gehört der Wagen dem Besitzer einer amerikanischen Pizzeria-Kette.*

UNTEN *Dieser Park-Ward-Aufbau von Captain C. Fosters Royale war eine Kopie der Karosserie, die die Firma einst für den Rolls-Royce des Offiziers entworfen hatte (mit freundlicher Genehmigung des Musée National de l'Automobile, Mulhouse).*

RECHTS, OBEN *Der Blick unter die Motorhaube eines Royale verschlägt jedem Oldtimerfreund die Sprache. Der Doppelver-gaser ist eine Bugatti-Konstruktion; jeder Zylinder verfügt über zwei Zündkerzen.*

GANZ RECHTS, MITTE *Mit dieser Bin-der-Karosserie wurde der Esders-Roadster später ausgestattet (vgl. rechts, unten). Der Wagen gehört dem amerikanischen Sammler General W. Lyon.*

GANZ RECHTS, UNTEN *Die Firma Kellner karossierte dieses Fahrgestell, das erst nach dem Krieg in Briggs Cunningham einen enthusiastischen Käufer fand. Heute befindet sich der Wagen in japanischem Pri-vatbesitz.*

RECHTS, UNTEN *Weil der Textilfabri-kant Armand Esders ohnehin nie bei Nacht fuhr, verzichtete Jean Bugatti beim Entwurf dieses Royale-Roadsters auf jegliche Beleuch-tung. Von diesem Wagen existiert heute eine exzellente Replik aus Bugatti-Originalteilen.*

Kellner (heute im Besitz eines japanischen Privatmanns) und eine in Molsheim gebaute „Berline de Voyage" waren offenbar nicht an den Mann zu bringen; die Familie Bugatti trennte sich nach dem Krieg von beiden. Unterm Strich entstanden also sechs Royale-Chassis, mit insgesamt 11 dazugehörigen, verschiedenen Karosserien.

Bugatti hatte gehofft, sein Luxusautomobil in den höchsten Kreisen verkaufen zu können, nachdem König Alfonso von Spanien und König Carol von Rumänien ihr Interesse an dem Projekt bekundet hatten. Seine gigantischen Abmessungen und nicht zuletzt sein horrender Preis standen jedoch im krassen Gegensatz zu den wirtschaftlichen Realitäten, mit denen sich Anfang der dreißiger Jahre halb Europa konfrontiert sah. Heute werden diese außergewöhnlichen Fahrzeuge nur noch in Museen gezeigt und nur in Ausnahmefällen „an die frische Luft geholt"! Glücklicherweise durfte das exzellente Triebwerk ab Mitte der dreißiger Jahre seine Qualitäten in Bugattis erfolgreichen Schienenbussen und Triebwagen unter Beweis stellen.

Typ 46/46S Tourer	
Bauzeitraum	T46: 1929-36, T46S: 1930-36
Stückzahl	400
MOTOR	
Typ	Zylinderblock mit angegossenem Zylinderkopf, obenliegende Nockenwelle, Gleitlager, Trockensumpfschmierung
Zylinderzahl	8
Bohrung/Hub (mm)	81 x 130
Hubraum (ccm)	5359
Ventile	2 Einlaß-, 1 Auslaßventil pro Brennraum
Zündkerzen	2 pro Brennraum
Kompressor	Nur 46S
Vergaser	T46: 1 Smith T46S: 2 Zenith
Leistung (PS)	T46: ca. 140, T46S: ca. 160
KRAFTÜBERTRAGUNG	
Kupplung	Mehrscheiben-Trockenkupplung
Getriebe	Schaltgetriebe 3+R an der Hinterachse, Mittelschaltung mit Kugelgelenkfuß
FAHRGESTELL	
Radstand	3500 mm
Spur	1400 mm
Federung vorn	Halbelliptik-Blattfedern
Federung hinten	geschobene Viertelelliptik-Blattfedern
Bremsen	seilzugbetätigt, selbstnachstellend
Reifengröße	(mod. Größe) 6.00 x 20"
Räder	Rudge-Drahtspeichen-, bzw. Aluminiumgußräder
FAHRLEISTUNGEN	
Höchstgeschw.	zirka 145 km/h

OBEN   *Ein gelungenes Beispiel für die schlichte Eleganz der Bugatti-Karosserien, hier ein Typ 46 mit 5,3-Liter-Achtzylinder. Der kantige Kutschaufbau, die Kalbslederkoffer auf der Gepäckbrücke und die altmodischen Türgriffe harmonieren überraschend gut mit den Aluminiumgußrädern und dem strengen Bugatti-Kühlergrill. Die zeitgenössische Aufnahme dürfte in Molsheim entstanden sein. Das abgebildete Fahrzeug existiert wahrscheinlich nicht mehr, obwohl eine beträchtliche Zahl der 400 produzierten Typ 46 die Zeit überdauert haben. Die kantige Karosserieform, von den Briten oft als „razor-edge" (Rasiermesserkante) bezeichnet, taucht in den verschiedenen Epochen der Automobilgeschichte immer wieder auf.*

RECHTS   *Bugatti produzierte, offenbar auf Anraten seines Sohnes Jean, einige stromlinienförmige profilée-Versionen der Typen 49 und 50 (im Bild). Im Ansatz lassen sich an dieser Form bereits die aerodynamischen Bestrebungen späterer Jahre (windschnittige Front, steil abfallendes Heck) erkennen, obwohl der Luftwiderstandsbeiwert durch die frei im Fahrtwind stehenden Scheinwerfer und die exponierte Lage der Reserveräder nicht besonders begünstigt wurde (mit freundlicher Genehmigung von Monsieur M. Seydoux).*

Der Typ 46: Luxus und Eleganz

1929 wurde Bugatti klar, daß er von seinem Royale wahrscheinlich nicht sehr viele Exemplare würde verkaufen können, und er wandte sich einem Projekt zu, das er „Petite Royale" nannte. Es handelte sich dabei um ein von einem 5,3-Liter-Motor angetriebenes Chassis von ähnlicher Konzeption, jedoch bescheideneren Abmessungen, das die Bezeichnung Typ 46 erhielt. Die Bohrung des Achtzylindertriebwerks war unter Beibehaltung des aus dem Royale übernommenen 130-mm-Hubs auf unkomplizierte 81 mm geschrumpft. Die Blockkonstruktion von Zylinder und Zylinderkopf mit den integrierten Kurbelwellenlagern hatte Ettore ebenso unverändert aus dem Royale übernommen wie die obenliegende Nockenwelle mit drei Ventilen pro Brennraum. Fahrwerk und Antriebsstrang wiesen wie der Royale ein Dreiganggetriebe in der Hinterachse auf, doch war die Kupplung nun direkt am Motorblock angeflanscht. Radaufhängungen, Achsen und Bremsen fielen indes eine Nummer kleiner aus, und die 20-Zoll-Räder wurden zunächst mit Drahtspeichen versehen, später aus Aluminiumguß gefertigt. Die Fahrgestellabmessungen hielten sich mit einer Spurweite von 1400 mm und einem Radstand von 3500 mm in Grenzen und ließen den Typ 46 im Vergleich zum größten Rolls-Royce eher zierlich erscheinen.

Der erste Wagen wurde im Oktober 1929 auf den Automobilausstellungen in Paris und London gezeigt, wo die Presse ihn begeistert aufnahm. Die Auftragsbücher waren bald gut gefüllt, und das Chassis wurde von den renommiertesten europäischen Karosserieschneidern wie Labourdette, Weymann, Mulliner, D'Ieteren, Freestone and Webb, Saoutchik und James Young eingekleidet — und natürlich auch von Bugatti selbst. In zahlreichen Tests wurden seine sanfte Kraftentfaltung, seine Laufruhe und sein Fahrkomfort gelobt: „Ein Wagen für Schaltfaule (...); liegt in Kurven wie ein Brett (...); millimetergenaue Lenkung." Die Zeitschrift *Autocarre* schloß ihren Fahrbericht mit den Worten: „Insgesamt ein höchst bemerkenswertes Automobil, bestechend durch seine direkte Art der Leistungsentfaltung, sowie eine Ausstrahlung und Einzigartigkeit, die man mit bloßen Worten nicht beschreiben kann — dazu muß man den Wagen schon selbst fahren."

Gegen Ende des Jahres 1931 versah Bugatti den Achtzylinder mit einem Kompressor und schuf so den Typ 46S (für „Sport"), von dem jedoch nur etwa 20 Exem-

LINKS *Zahlreiche T57-Chassis wurden in Großbritannien von namhaften Karossiers eingekleidet. Das abgebildete Exemplar von 1936 trägt einen Cabriolet-Aufbau der Firma James Young aus Bromley. Der Typ 57 hatte eine Höchstgeschwindigkeit von über 150 km/h (mit freundlicher Genehmigung von Mr J. Marks).*

Typ 50 Grand Sport

Bauzeitraum	1930 bis 1934
Stückzahl	65

MOTOR

Typ	Zylinderblock mit angegossenem Zylinderkopf, zwei obenliegende Nockenwellen, Gleitlager, Trockensumpfschmierung
Zylinderzahl	8
Bohrung/Hub (mm)	86 x 107
Hubraum (ccm)	4972
Ventile	1 Einlaß-, 1 Auslaßventil pro Brennraum
Zündkerzen	1 pro Brennraum
Kompressor	Ja
Vergaser	2 Zenith
Leistung (PS)	zirka 225

KRAFTÜBERTRAGUNG

Kupplung	Mehrscheiben-Trockenkupplung
Getriebe	Schaltgetriebe 3+R an der Hinterachse, Mittelschaltung mit Kugelgelenkfuß

FAHRGESTELL

Radstand	3100 mm; 3500 mm
Spur	1400 mm
Federung vorn	Halbelliptik-Blattfedern
Federung hinten	geschobene Viertelelliptik-Blattfedern
Bremsen	seilzugbetätigt, selbstnachstellend
Reifengröße	6.50 x 20"
Räder	Aluminiumgußräder

FAHRLEISTUNGEN

Höchstgeschw.	über 170 km/h

LINKS UND SEITE GEGENÜBER
Nur wenige Bugatti wurden so erfolgreich modernisiert wie dieser Typ 50 von 1932, der nach dem Krieg von einem Engländer gekauft und in den fünfziger Jahren von dem führenden Pariser Karosserie-Couturier Saoutchik rechtzeitig zur Hochzeitsreise des Gentleman mit diesem Ponton-Aufbau versehen wurde. Das kräftige 4,9-Liter-Doppelnockenwellentriebwerk verhalf dem Wagen zu einer Spitze von weit über 160 km/h. An der komfortbetonten Ausstattung mit elektromechanischem Cotal-Getriebe, elektrischen Fensterhebern und Sonnendach hätte Ettore mit Sicherheit seine Freude gehabt (aus einer englischen Privatsammlung).

UNTEN *Eine der bekanntesten und formschönsten Werkskarosserien für den Typ 57 war der Coach „Ventoux", ein zweisitziger 2+2-Sitzer-Aufbau mit schräggestellter Windschutzscheibe und Abrißheck, hier auf einem Typ 50 profilée montiert. Das abgebildete Fahrzeug stammt aus der 1939er-Serie mit hydraulischen Bremsen und überlebte den Zweiten Weltkrieg in der Garage der Londoner Bugatti-Niederlassung (mit freundlicher Genehmigung von Mr G. Perfect.*

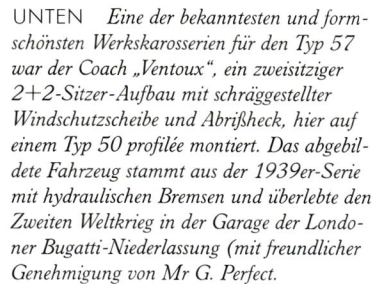

Typ 57/57C Tourer

Bauzeitraum	T57: 1934-40, T57C: 1937-40	**Getriebe**	klauengeschaltetes Getriebe 4+R, Mittelschaltung mit Kugelgelenkfuß
Stückzahl	T57: 546, T57C: 96		

MOTOR

Typ	Zylinderblock mit angegossenem Zylinderkopf, zwei obenliegende Nockenwellen, Gleitlager	**FAHRGESTELL**	
Zylinderzahl	8	**Radstand**	3300 mm
Bohrung/Hub (mm)	72 x 100	**Spur**	1350 mm
Hubraum (ccm)	3257	**Federung vorn**	Halbelliptik-Blattfedern
Ventile	1 Einlaß-, 1 Auslaßventil pro Brennraum	**Federung hinten**	geschobene Viertelelliptik-Blattfedern
Zündkerzen	1 pro Brennraum	**Bremsen**	1934 bis 1937 seilzugbetätigt, 1938 bis 1940 hydraulisch betätigte Lockheed-Bremsen
Kompressor	Nur T57C		
Vergaser	1 Stromberg	**Reifengröße**	5.50 x 18"
Leistung (PS)	T57: zirka 135, T57C: zirka 160	**Räder**	Rudge-Drahtspeichenräder

KRAFTÜBERTRAGUNG

Kupplung	Einscheiben-Trockenkupplung	**FAHRLEISTUNGEN**	
		Höchstgeschwindigkeit	zirka 150 km/h

Für viele Enthusiasten war das Atalante-Coupé die schönste Version des Typ 57: Die fließenden Linien, das langgestreckte Hinterteil und die kleine Fahrerkabine harmonierten gut mit der aufrechten, kantigen Frontpartie. Die Karosserie war leicht und verwindungssteif, und wie dafür geschaffen, zwei Menschen quer durch Frankreich nach Monte Carlo zu transportieren! Dieses Modell von 1936 wurde von seinem Besitzer mit der hydraulischen Bremsanlage der 1939er-Baureihe aufgerüstet. Ein solcher Bugatti verlangt ein Maß an Wartung und Pflege, wie sie normale Werkstätten heute kaum mehr geben können, doch dafür verwöhnt er seinen Fahrer mit ausgezeichneten Fahrleistungen (mit freundlicher Genehmigung von Mr I.L. Merryfield).

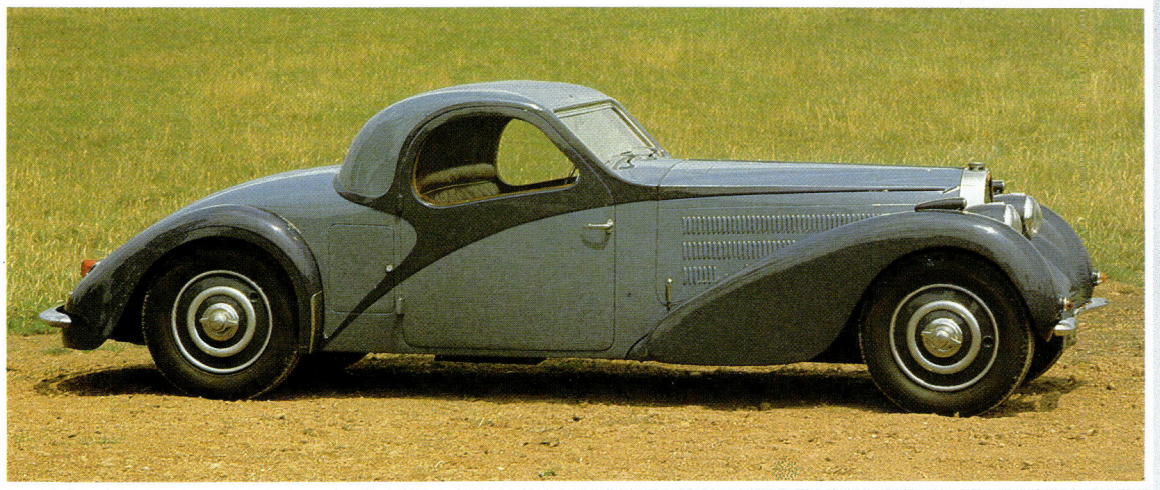

plare gebaut wurden. Das Roots-Gebläse wurde über einem Kegeltrieb von der an der Motorvorderseite installierten Königswelle des Nockenwellenantriebs aktiviert und produzierte nur einen bescheidenen Ladedruck.

Zwischen 1930 und 1932 entstanden etwa 200 Exemplare der Typen 46 und 46S, von denen in Zeiten der Rezession jedoch viele auf Halde produziert und erst später verkauft wurden. Sogar nach dem Zweiten Weltkrieg tauchten noch vereinzelt fabrikneue Chassis auf. Der „Kleine Royale" war mit Sicherheit das beste Luxusautomobil, das Bugatti je gebaut hat.

Der Typ 50 mit zwei obenliegenden Nockenwellen

Wie bereits zu Anfang dieses Buches erwähnt, kopierte Bugatti das Doppelnockenwellentriebwerk des amerikanischen Miller-Racers für den Rennwagen Typ 51. Tatsächlich erhielt jedoch bereits der Typ 50 dieses Aggregat, im Prinzip eine 4,9 Liter große Weiterentwicklung des Typ-46-Motors. Zu diesem Zweck erhielt das Triebwerk einen neuen Block und eine neue Kurbelwelle, so daß ein Großteil der anderen Motorenbauteile verwendet werden konnte. Mit 86 mm Bohrung und 106 mm Hub war der neue Motor jedoch deutlich kurzhubiger ausgelegt als der des „Kleinen Royale" mit 81 mm Bohrung und 130 mm Hub (Bohrung/Hub-Verhältnis 1,25 statt 1,6). Das Triebwerk wurde mit dem Kompressor des T 46S ausgerüstet und produzierte über 200 PS. In Verbindung mit dem kurzen Chassis des Typ 46 und dem Dreiganggetriebe in der Hinterachse verblüffte der Typ 50 mit erstaunlichen Fahrleistungen.

Drei T 50 mit Touring-Karosserien gingen 1931 an den Start zu den 24 Stunden von Le Mans. Der Wagen des in Führung liegenden Maurice Rost kam nach einem Reifenplatzer bei 185 km/h von der Strecke ab und zerschellte an einem Baum. Rost wurde aus dem Wrack geschleudert, doch tragischerweise kam bei dem Unfall ein Zuschauer ums Leben, der an dieser Stelle gar nicht hätte stehen dürfen, und Bugatti nahm auch die beiden anderen Wagen aus dem Rennen. Der Typ 50 geriet rasch als gefährliches Unglücksauto in Verruf, und in den falschen Händen war er sicher nicht ganz unproblematisch. So entstanden zwischen 1931 und 1933 nur knapp 65 Exemplare, doch das Triebwerk lebte im Grand-Prix-Rennwagen Typ 54 mit 4,9 Litern Hubraum weiter. Die meisten Typ 50 wurden wie das Schwestermodell Typ 46 mit exklusiven Sonderkarosserien versehen, doch die zusätzliche Nockenwelle kam die Kunden teuer zu stehen: Das nackte Chassis des Typ 50 kostete 1932 fast doppelt so viel wie das des Typ 46, ein interessantes Beispiel für Bugattis Verkaufsstrategie.

Heute existiert nur noch eine Handvoll Exemplare dieses Typs, darunter auch einer der übriggebliebenen Le-Mans-Wagen.

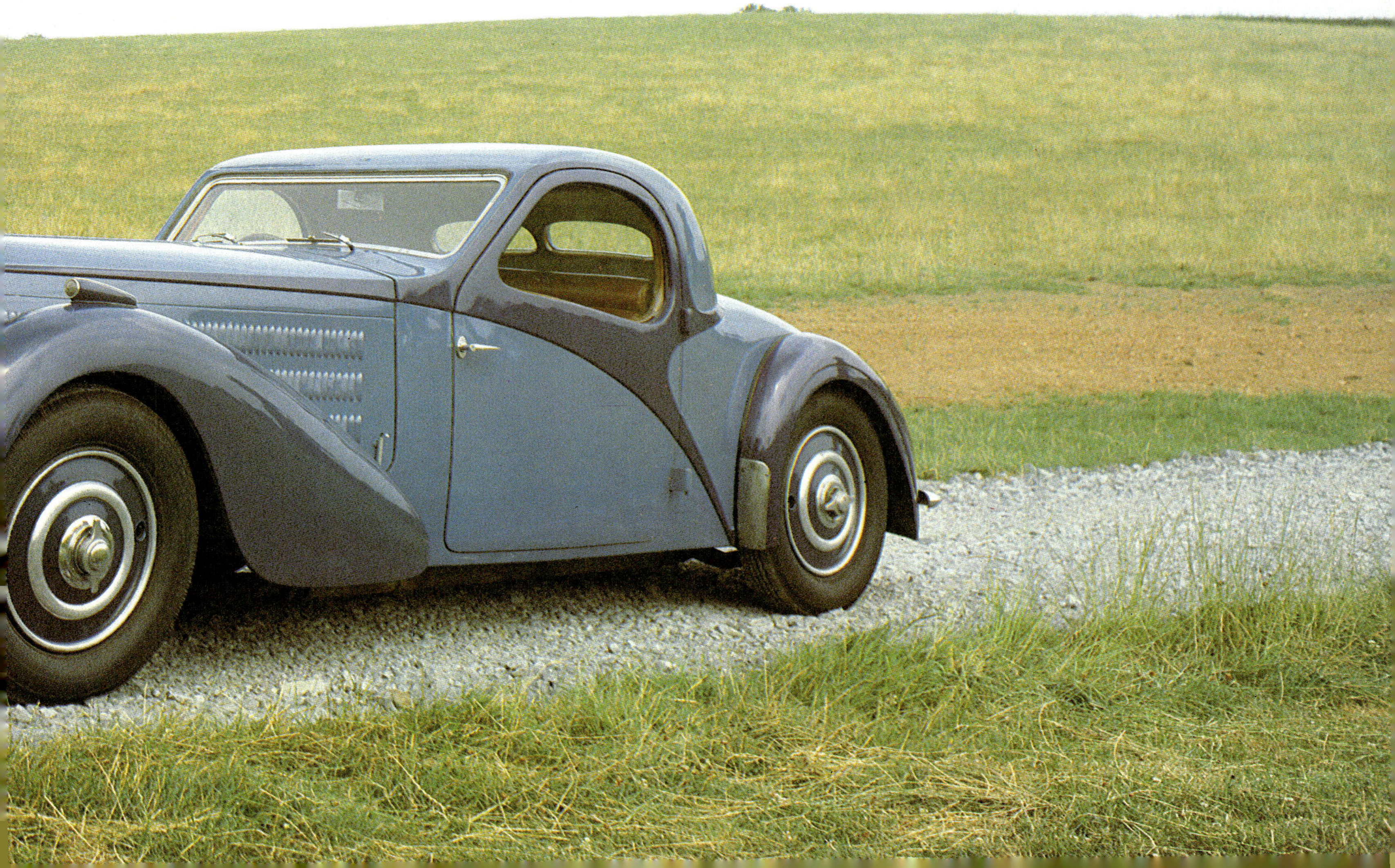

Typ 57S/57SC Sporttourer	
Bauzeitraum	1936 bis 1938
Stückzahl	41

MOTOR

Typ	Zylinderblock mit angegossenem Zylinderkopf, zwei obenliegende Nockenwellen, Gleitlager
Zylinderzahl	8
Bohrung/Hub (mm)	72 x 100
Hubraum (ccm)	3257
Ventile	1 Einlaß-, 1 Auslaßventil pro Brennraum
Zündkerzen	1 pro Brennraum
Kompressor	Nur T57SC
Vergaser	1 Stromberg
Leistung (PS)	T57S: zirka 170, T57SC: zirka 200

KRAFTÜBERTRAGUNG

Kupplung	Zweischeiben-Trockenkupplung
Getriebe	klauengeschaltetes Getriebe 4+R, Mittelschaltung mit Kugelgelenkfuß

FAHRGESTELL

Radstand	2980 mm
Spur	1350 mm
Federung vorn	Halbelliptik-Blattfedern
Federung hinten	geschobene Viertelelliptik-Blattfedern
Bremsen	seilzugbetätigt
Reifengröße	vorn 5.50 x 18", hinten 6.00 x 18"
Räder	Rudge-Drahtspeichenräder

FAHRLEISTUNGEN

Höchstgeschw.	zirka 180 km/h

LINKS UND OBEN *Der Bugatti Typ 57S war die Verkörperung des schnellen Straßensportwagens schlechthin und wurde fast ausnahmslos mit den exklusivsten Aufbauten versehen. Dieses makellose Exemplar von 1939 trägt zum Beispiel eine Cabriolet-Karosserie von Van Vooren (mit freundlicher Genehmigung von Mr T.A. Roberts).*

RECHTS *Dieses Gangloff-Cabriolet auf der Basis des kompressorgeladenen Typ 57C wurde im April 1939 ab Werk direkt an den berühmten Bentley-Fahrer Woolf Barnato ausgeliefert. Der Motor ging nach nur 2580 gefahrenen Kilometern bei hoher Drehzahl fest, doch der Ausbruch des Zweiten Weltkriegs verhinderte den Einbau des georderten Ersatztriebwerks. Nach Barnatos Tod ging der Wagen 1949 an David Porter, der ihn in den fünfziger Jahren an seinen heutigen Besitzer veräußerte (mit freundlicher Genehmigung von Mr G. Dunn, CBE).*

Der Typ 57 mit 3,3 Litern Hubraum

Nun kommen wir zu einem interessanten Kapitel in der Geschichte der Molsheimer Marke. Ettores Sohn Jean krempelte die Modellpolitik der Firma um und sorgte dafür, daß man sich fortan auf ein einzelnes Grundmodell konzentrierte und dieses in verschiedenen Karosserievarianten anbot.

Zu dieser Zeit verbrachte Ettore viel Zeit in Paris, wo er an seinen Schienenbussen arbeitete. 1932 stand die Konstruktionsabteilung in Molsheim unter der Leitung von Jean Bugatti, damals gerade 23 Jahre alt. Ettore erinnerte sich wohl daran, wieviel Verantwortung auch er in diesem Alter zu tragen hatte — im Jahre 1904! Die Konstruktionsabteilung war nicht besonders groß: Sie umfaßte nur etwa sieben oder acht hochqualifizierte und dem *patron* treu ergebene Zeichner, die unter der Leitung von Antoine Pichetto, der ursprünglich wegen des geplanten Allrad-Rennwagens Typ 53 zu Bugatti gestoßen war, Konstruktionszeichnungen nach den Vorgaben des Meisters anfertigten. In jenen Tagen mußte sich eine Konstruktion noch auf Anhieb bewähren, und wenn ein Prototyp gebaut wurde, dann verkaufte man ihn in der Regel ebenfalls.

Auf den Zeichenbrettern entstand ein völlig neues Fahrzeug, der Typ 57. Es war natürlich wieder ein Achtzylinder, aber diesmal mit sechs Kurbelwellenhauptlagern, einem einteiligen Zylinderblock, zwei Ventilen pro Brennraum und zwei über eine Zahnradkaskade an der Motorrückseite angetriebene, obenliegende Nockenwellen. Die Übertragung der Ventilbewegung erfolgte nicht über Tassenstößel, sondern über kurze Schlepphebel. Der Triebwerksprototyp hatte noch 2,8 Liter Hubraum (B × H: 72 × 88 mm), doch für die Serie entschied man sich für 100 mm Hub und somit 3,3 Liter Hubraum. Lichtmaschine und Wasserpumpe befanden sich an der linken Motorseite und wurden über Zahnräder angetrieben, die an einer senkrechten Welle mit Schneckenverzahnung montierte Ölpumpe saß in der Ölwanne.

Das Getriebe war über eine Kupplungsglocke erstmals direkt am Motorblock angeflanscht. Die aus Gründen der Laufruhe schrägverzahnten Zahnräder des klauengeschalteten Getriebes standen ständig miteinander in Eingriff. Das Hinterachsgehäuse stammte aus dem Typ 44/49, wurde jedoch bald mit den kräftiger dimensionierten Zahnrädern aus der T 46-Hinterachse versehen. Das Fahrgestell mit geschobenen Viertelelliptikfedern an der Hinterachse orientierte sich streng an der traditionellen Bugatti-Linie, doch mindestens zwei Prototypen wurden mit einer vorderen Einzelradaufhängung an Querblattfedern ausgerüstet. Nol Domboy, einst Konstrukteur in Bugatti-Diensten, wußte zu berichten, daß Ettore die „revolutionäre" Vorderachsaufhängung bei einem Werksrundgang entdeckte und sogleich loswetterte, daß ein Bugatti auch eine Bugatti-Vorderachse haben müsse — und so kam es, daß der Typ 57 mit Starrachsen vorne und hinten in Produktion ging!

Aus Kostengründen verzichtete man auf den traditionellen Wabenkühler aus einer Nickel-Silberlegierung und setzte stattdessen einen vernickelten, hufeisenförmigen Grill mit thermostatisch betätigten Lamellen vor einen maschinell gefertigten Kühler.

Als kluger Schachzug erwies sich die neue Modellpolitik, den Wagen wahlweise mit Bugatti-Karosserie oder als nacktes Chassis auszuliefern. Der Karosseriebauer Gangloff im elsässischen Colmar fertigte ein Cabriolet mit der Bezeichnung Stelvio, und in Molsheim selbst entstanden unter Jeans Aufsicht verschiedene Karosserieversionen, so eine viertürige Limousine ohne B-Säule mit Namen Galibier, ein geschlossener Zweitürer namens Ventoux, ein Atalante getauftes Coupé und später die Versionen Aravis und Atlantic.

Der erste Typ 57 sollte zwar erst im Frühjahr 1934 zur Auslieferung kommen, doch die Produktion lief bereits zum Zeitpunkt des Pariser Salons im Oktober des Vorjahres auf vollen Touren. Offenbar hatte der Wagen auf dieser traditionsreichen Automobilausstellung sein Debüt geben sollen. Bis zum Ausbruch des Krieges und somit der Produktionseinstellung im September 1939 wurden etwa 830 Exemplare aller Versio-

LINKS UND OBEN Das 57SC Atlantic Coupé war vielleicht das exotischste Modell, das die Elsässer je auf die Räder stellten. Nur drei Exemplare wurden gebaut, und alle drei existieren noch heute — zwei in den USA und eines in Frankreich. Die Karosseriehälften waren mit einer zentralen, rasiermesserscharfen Blechrippe vernietet und die Türausschnitte teilweise in die Dachpartie eingelassen, um den Einstieg in das sehr niedrige Fahrzeug zu erleichtern. Der abgebildete Wagen wurde einst an R.B. Pope of Ascot ausgeliefert, der ihn im Werk nachträglich mit einem Kompressor ausrüsten ließ, und befindet sich heute im Besitz von Tom Perkins in Kalifornien.

LINKS Der Rennfahrer Sir Malcolm Campbell erwarb 1937 ein T57S-Chassis und ließ es von der britischen Karosseriebaufirma Corsica mit dieser schnittigen Roadster-Karosserie versehen. Der Wagen wurde mit nur 1290 km auf dem Tachometer an R.E. Gardner verkauft, der ihn 40 Jahre lang einmottete! Heute zählt auch dieses Modell zur Privatsammlung von Tom Perkins.

nen gebaut. Die ersten 200 Stück hatten noch fest montierte Motoren und ein mehr oder weniger verwindungsfreudiges Bugatti-Leiterrahmenchassis, doch dann führte Bugatti einen neuen, kreuzverstrebten Rahmen ein, auf dem das Triebwerk in leicht elastischen Lagerungen montiert war. 1938 erfuhr die Konstruktion mit der Einführung einer hydraulisch betätigten Bremsanlage eine längst überfällige Verbesserung, die von der erstmaligen Montage hydraulischer Teleskopstoßdämpfer anstelle der de-Ram-, bzw. antiquierten Reibungsstoßdämpfer flankiert wurde.

In der Zwischenzeit, genauer gesagt im Oktober 1936, wurde eine kompressorgeladene Version (T57C für compresseur) vorgestellt, deren seitlich am Motorblock montiertes Roots-Gebläse von einem Zahnradpaar an der Motorrückseite angetrieben wurde. Interessanterweise war an diesem Kompressor der Vergaser unten montiert, nicht wie beim nahezu identisch motorisierten Rennwagen Typ 59 an der Kompressoroberseite. Der Lader verhalf dem T57C zu einem noch besseren Durchzugsvermögen und katapultierte die Version an die Spitze der Verkaufszahlen. Im Jahre 1939, als die hydraulischen Bremsen bereits eingeführt waren, entstanden fast ausschließlich C-Versionen des Typs 57, insgesamt etwa 105 Exemplare.

Bot bereits die normale Saugmotorversion des Typ 57 überragende Fahrleistungen und eine Höchstgeschwindigkeit von über 150 km/h, so war der T57C noch eine ganze Ecke schneller. Der Rennfahrer Robert Benoist fuhr mit einem T57C Galibier im Mai 1939 in Montlhéry mit handelsüblichem Kraftstoff in einem Rekordversuch über eine Stunde mit stehendem Start eine Durchschnittsgeschwindigkeit von 182,6 km/h. Seine schnellste Runde wurde gar mit über 195 km/h gemessen, was auf ein sorgsam "getuntes" Aggregat schließen läßt — wenn auch Bugatti diese Unterstellung weit von sich wies!

Einige T57 wurden mit einem elektromechanischen Cotal-Getriebe ausgerüstet, bei dem die Gänge über einen kleinen Schalter an der Lenksäule geschaltet werden konnten. Dies bedeutete gegenüber dem unsynchronisierten und träge zu schaltenden Bugatti-Getriebe eine spürbare Erleichterung (der Rennwagen Typ 57G „Panzer" verfügte jedoch bereits über ein vollsynchronisiertes Getriebe).

Der Typ 57 wurde werksseitig nur einmal bei einer Rennveranstaltung eingesetzt, und zwar bei der nordirischen Ulster-TT im Jahre 1935, wo zwei Wagen an den Start gingen und Lord Howe einen davon auf den dritten Platz pilotierte. Diese TT-Versionen waren zwar mit erleichterten Karosserien und Motoren mit höherer Verdichtung ausgerüstet, doch diese Veränderungen machten aus den Sporttourern noch keine Rennwagen.

Der Typ 57S: Der beste Allround-Sportwagen

Im August 1936 wurde unter der Bezeichnung T57S eine neue Sportversion des Typ 57 vorgestellt, die zunächst einen Saugmotor hatte, jedoch bald mit einem Kompressor ausgestattet wurde und zum Typ 57SC avancierte. Das Chassis wies einen kürzeren Radstand und eine beträchtlich verringerte Rahmenhöhe auf, weil die Hinterachse durch zwei mächtige Aussparungen in den Längsträgern gesteckt war. Viele Details stammten aus der Standardversion, doch verfügte das höher verdichtete Triebwerk zum Beispiel über eine Trockensumpfschmierung mit zwei Ölpumpen. Um das höhere Drehmoment aufzunehmen, war eine Zweischeibenkupplung angeflanscht. Der Scintilla-Vertex-Magnetzünder ragte wie beim Rennwagen Typ 51 in Höhe des Armaturenbretts in den Innenraum hinein und wurde von der linken Nockenwelle angetrieben. Der Typ 57S hatte serienmäßig de-Ram-Stoßdämpfer.

Optisch aufgewertet wurde das sportliche Modell durch einen nach vorne spitz zulaufenden, herzförmigen Kühlergrill. Ab Werk gab es den T57S unter anderem in der Version Atalante (als Cabriolet und Coupé), sowie als Atlantic mit einer atemberaubend exotischen Coupékarosserie, deren „schneller Rücken" von einer zentralen Blechrippe geziert wurde, mit der die Karosseriehälften vernietet waren. Die Türen waren teilweise in die Dachpartie eingelassen, um den Einstieg in das niedrige Sportcoupé zu erleichtern. Leider entstanden insgesamt nur drei dieser aufregenden Kreationen.

Einige Fahrgestelle wurden in England von der Karosseriebaufirma Corsica mit schnittigen Roadster-Aufbauen versehen. Sir Malcolm Campbell besaß einen solchen Roadster und beschrieb ihn 1937 als "besten und wohl auch schnellsten Allround-Sportwagen auf dem Markt."

Die niedrige Silhouette versprach Dynamik, und das potente Kompressortriebwerk verhalf dem Wagen zu den entsprechenden Fahrleistungen. Die Fertigungskosten waren indes sehr hoch, da bei den geringen Stückzahlen alle Fahrzeuge von Hand zusammengebaut wurden. Nach zirka 42 Exemplaren lief die Produktion im Mai 1938 aus, noch bevor der schnelle Wagen in den Genuß der hydraulischen Bremsanlage kam.

Der Typ 64: Leider nur ein Prototyp

Mitte 1938 begann sich Jean Bugatti Gedanken über einen möglichen Nachfolger des Typ 57 zu machen, an dessen Triebwerk er bereits mit einem geräuscharmeren Kettenantrieb der beiden obenliegenden Nockenwellen experimentiert hatte (bei einem Probelauf des Triebwerkprototyps riß übrigens diese Steuerkette und verursachte einen kapitalen Motorschaden). Das neue Modell mit der Bezeichnung T64 sollte auf dem Pariser Salon des Jahres 1939 debütieren und mit dem 4-Liter-Triebwerk des Typ 50B mit 84 mm Bohrung und 100 mm Hub ausgerüstet werden. Das Chassis mit starrer Vorderachse und geschobenen Viertelelliptikfedern an der Hinterachse ähnelte dem des Typ 57. Es entstanden vier solcher Rahmen, von denen 1939 jedoch nur einer oder zwei zu Test-

RECHTS *Ettore Bugatti mit seinem Sohn Jean. Der Sproß einer Künstlerfamilie (Vater Carlo war Kunsttischler, Möbeldesigner und Silberschmied gewesen) hatte wie sein Bruder Rembrandt, der als begabter Tierskulptor 1916 jung starb, das kreative Talent seines Vaters geerbt. Auch Jean, der die Geschicke der Firma ab 1932 in die Hand nahm, war dieses Talent offenbar in die Wiege gelegt worden.*

GANZ RECHTS *Unter der eleganten Cabriolet-Karosserie von Gangloff auf diesem Typ 101 verbarg sich ein nur unwesentlich verändertes T57-Chassis von 1939 mit Starrachsen vorn und hinten. Nur sechs Fahrzeuge dieses Typs wurden 1951 gebaut. Das abgebildete Exemplar blieb in Molsheim und wurde in den sechziger Jahren zusammen mit dem Rest der Bugatti-Sammlung von Fritz Schlumpf aufgekauft (mit freundlicher Genehmigung des Musée National de l'Automobile, Mulhouse).*

zwecken mit einem Motor versehen wurden. Ein komplettes Fahrzeug steht heute im Museum in Mulhouse, ein weiteres wurde nach dem Krieg aus Ersatzteilen zusammengebaut und nach Kalifornien gebracht.

Von besonderem historischen Interesse sind in diesem Zusammenhang die jüngsten Enthüllungen eines ehemaligen Bugatti-Karosseriebauers über einen von Jean Bugatti gestylten Prototyp mit Flügeltüren. Bugatti hatte also bereits etliche Jahre vor Mercedes-Benz und Trippel mit diesem Designmerkmal experimentiert — und war auf dieselben Schwierigkeiten in der Praxis gestoßen! Der für den Pariser Salon gebaute Prototyp war jedenfalls ein zweitüriges, konventionelles, wenn auch stromlinienförmig angehauchtes Automobil.

Wäre der Zweite Weltkrieg nicht dazwischen gekommen, so hätte der Typ 64 mit seinem bärenstarken Motor die besten Anlagen zu einem schnellen Autobahntourer gehabt und somit die Tradition der Bugatti „Grand Touring" würdig fortsetzen können.

Bugattis Nachkriegspläne

Wenige Wochen vor seinem Tode gab Ettore Bugatti eine kurze Pressekonferenz, in der er seine Absicht bekundete, die Automobilproduktion wiederaufzunehmen und für den ersten Pariser Salon nach dem Kriege auch gleich eine ganze Modellpalette in Aussicht stellte. Er hatte kurz zuvor seine Fabrik wieder zurückerhalten, die während des Krieges von deutschen Truppen besetzt gehalten worden war, und befand sich mitten in einem Rechtsstreit mit den französischen Behörden, die plötzlich an seiner italienischen Staatsbürgerschaft Anstoß nahmen. Nicht ohne Stolz gab er den Journalisten zu verstehen, daß er in Molsheim bereits wieder 800 Menschen beschäftigte, die in der Hauptsache Bugatti-Schienenbusse und -Triebwagen überholten.

Drei Modelle wollte Bugatti anbieten: Einen Typ 73A („mit oder ohne Kompressor") mit 1500 ccm Hubraum, blattgefederten Bugatti-Starrachsen und einem zweitürigen, viersitzigen Limousinenaufbau, den auf Seite 52 erwähnten Typ 73C, sowie den Typ 68, ein äußerst interessantes kleines Fahrzeug mit 350-ccm-Viertaktmotor, zwei obenliegenden Nockenwellen und Kompressor. Der Prototyp zu diesem bemerkenswerten und kostspieligen Projekt, der jedoch nicht mehr zu Ettores Lebzeiten fertiggestellt wurde, ist heute im Museum in Mulhouse zu bewundern.

UNTEN *Der Werks-Prototyp des 64, der 1939 auf dem Pariser Automobilsalon debütieren sollte. Obgleich Rahmen und andere Bauteile für zwei oder drei weitere Exemplare aus dem Werk geschmuggelt wurden, war dies doch der einzige jemals fertiggestellte Prototyp. Er ist heute neben anderen Einzelstücken im Museum in Mulhouse zu bewundern.*

In der Presseerklärung war auch die Rede von einer kleinen Jolle mit Bugatti-Einzylinder-Innenbordmotor gewesen, die in Bugattis kleiner Schiffswerft an der Seine, den Chantiers Navals de Maisons-Laffitte, produziert werden sollte.

Der unerwartete Tod des großen *patron* machte jedoch all diese Pläne zunichte.

Der Typ 101: Die Wiederauferstehung des Typ 57

Vier Jahre nach Ettores Ableben im August 1947 unternahm das Bugatti-Werk, nun unter der Leitung von Roland Bugatti und dem ehemaligen Werksrennfahrer Pierre Marco, einen verzweifelten Versuch, den T 57 unter der Typenbezeichnung 101 wiederzubeleben. Bei diesem Modell handelte es sich um ein unverändertes T 57-Chassis von 1939 mit Cotal-Getriebe und neuen Ansaugkrümmern für den einzelnen Weber-Vergaser. Es sollte wahlweise mit oder ohne Kompressor erhältlich sein. Die vordere Starrachse mutete 1951 bereits wie ein Relikt aus den Kindertagen des Automobils an, aber für die Neukonstruktion einer Einzelradaufhängung war einfach kein Geld vorhanden.

Der Wagen wurde 1951 auf dem Pariser Salon mit einer eleganten Ponton-Karosserie von Gangloff gezeigt, aber die erhofften Bestellungen blieben aus. So mußte Bugatti nach nur sechs produzierten Exemplaren die Hoffnungen auf den Wiedereinstieg in die Automobilproduktion endgültig begraben.

Epilog

Der mit dem Tod seines Gründers Ettore am 21. August 1947 begonnene Niedergang des Automobilherstellers Bugatti schleppte sich bis Ende Juli des Jahres 1963 hin. Die Firma wurde zunächst von Hispano-Suiza aufgekauft, wo man sich nicht mehr mit dem Automobilbau beschäftigte, sondern Strahltriebwerke für die Luftfahrt konstruierte. Hispano-Suiza ging jedoch wenige Jahre später im staatlichen Flugmotorenkonzern SNECMA auf und wurde zusammen mit dem größten französischen Hersteller für Flugzeugfahrgestelle, Messier, in eine Unternehmensgruppe gesteckt. Bugatti gehört also zur Messier-Hispano-Bugatti-Gruppe, und anstelle des Bugatti-Ovals prangt heute an der Fassade des Molsheimer Werks ein eindrucksvolles Firmenemblem bestehend aus dem Messier-Adler, dem Hispano-Suiza-Storch und einem gestrichelten Oval.

Die letzten Zeugen der Automobilproduktion verließen 1979 das Molsheimer Werk, als der britische Bugatti Owners Club sämtliche übriggebliebenen Ersatzteile (einige davon aus dem Jahr 1914!) aufkaufte. Zurück blieben nur Erinnerungen.

Index

Seitenzahlen in *Kursiv* beziehen
sich auf Bildunterschriften

Alfa Romeo 43, 44, 57
Alfonso, König von
  Spanien *65*, 67
Alzaga, Martin de 38
Aravis, Atalante, Atlantic *siehe*
  Bugatti-Karosserien
Baccoli, Mailänder Agent *19*
Benoist, Robert 52, 57
Bentley 20, 56, 57, *74*
Bergrennen Gaillon 18;
  Mont Ventoux 18, 22;
  Prescott *43*;
  Shelsley Walsh 45, *45*
Binder, Karosseriebau 64, *66*
Bird, Sir Robert 26, 43
Bosch, Magnetzünder 9, 16, 40
Bouriat, Guy 61
Brivio, Antonio 50
Brooklands 18, 20, *23*, 28, 38,
  48, 50, 58
Bugatti-Automobile 6, 12, 16,
  20, *30*, 33, 48, 78, 79
  „Badewanne" 12
Brescia 20-22, 26, 32, 33, 38,
  siehe auch Typ 13, 22, 23
  „Panzer" *siehe* Typ 32, 57C,
  57G
Royale *siehe* Typ 41
  Typ 1 (Prinetti & Stuc-
    chi) 9
  Typ 2 (Gulinelli) 9
  Typ 3/4/5 (de Dietrich) 9
  Typ 6 (Mathis Hermes) 11
  Typ 7 (Mathis Hermes) 11
  Typ 8 (Deutz) 6, 11, 13, 23
  Typ 9 (Deutz) 11, 12, *12*,
    13
  Typ 10 *6*, *12*, 13, 16
  Typ 13 13, 16, *16*, 18, *19*,
    20, 38; Brescia 20, 46
  Typ 15 *10*, 16-18, *16*, 30
  Typ 16 „Garros" 22, 23;
    „Black Bess" *3*
  Typ 17 16, 18
  Typ 22 16, 18, *19*; Brescia
    modifiée 20, 26, 38
  Typ 23 16, 18; Brescia
    modifiée 20, *20*, 26
  Typ 27 18, 26
  Typ 28 26, 28
  Typ 29/30 26, *26*, *27*, 28,
    28, 38, *38*, 40
  Typ 32 „Panzer" 38, *8*, 50
  Typ 35 *4*, *24*, 26, *27*, 28, 38-
    43, *41*, 44, 46, *46*, 48, 57
  Typ 35A „Tecla" 46, 48
  Typ 35B *4*, 28, *43*, 44, *44*,
    48, *56*, 57, 60
  Typ 35C 44, 57
  Typ 35T 43, 44
  Typ 37 28, 33, 46, 48, *49*
  Typ 37A 28, *35*, 48, *49*
  Typ 38 26-28, *29*, 33, 48,
    57
  Typ 38A 29
  Typ 39 40, *44*
  Typ 40 *4*, 28, *32*, 33, 34,
    35, 48, *49*
  Typ 40A 33, 34
  Typ 41 Royale 33, 44, 64-
    67, *65*, *66*, 68
  Typ 43 *2*, 33, 44, 48, *56*,
    57-60, 61
  Typ 43A *56*, 57, 58, 60

Typ 44 28-33, *30*, *32*, 52,
  75
Typ 45 44, 45, *45*, 46, 60
Typ 46 64, 68, *68*, 73, 75
Typ 46S 68, 73
Typ 47 60
Typ 49 *30*, *32*, 33, *68*, 75
Typ 50 *4*, 45, 46, *46*, 50,
  64, *68*, *71*, 73-75
Typ 50B 50, *52*, 78
Typ 51 44, *44*, 46, 49, 57,
  60, 73, 77
Typ 51A 44
Typ 53 45, *45*, 75
Typ 54 45, 46, *46*, 49, 60,
  73
Typ 55 57, *58*, 60, 61, *61*
Typ 57 *32*, 33, 49, 64, *69*,
  71, *73*, 75-79
Typ 57C 52 („Panzer"), *74*,
  77
Typ 57G „Panzer" 50-52,
  77
Typ 57S 50, *74*, 77, *77*
Typ 57SC 77, *77*
Typ 59 *38*, 49, 50, *50*, 52,
  75, 77
Typ 64 77, 78, *78*
Typ 68 79
Typ 73C 52, *52*, 78
Typ 101 *4*, *78*, 79
Typ 251 52, *52*
Bugatti, Carlo 8, 9, *78*
Bugatti, Deanice 8
Bugatti, Ettore 6, 8-10, *8*, *9*,
  10, 11, 12, *12*, 13, 16, *16*, 18-
  20, *19*, 22, 26, *26*, 28, 30,
  33, 34, 38, *38*, 40, 41, *41*,
  43, *43*, 44, 45, *46*, 48, 50,
  50, 52, *57*, 58, 64, *65*,
  67, 68, 73, 75, 78, *78*, 79
Bugatti-Flugmotoren 20, 22,
  44, 50, 64
Bugatti, Jean 33, 34, *35*, 44,
  45, 49, 50, *50*, 52, *52*, 58,
  60, 64, *66*, 68, 75, 77, 78, *78*
Bugatti-Karosserien (aus Mols-
  heim): Aravis 75; Atalante
  73, *77*; Atlantic 75, 77, *77*;
  Galibier 75, 77; Ventoux *71*,
  75
Bugatti, Madame *10*, *16*, 18
Bugatti, Rembrandt 8, *78*
Bugatti, Roland 52, *52*, 79
Bugatti-Schienenfahrzeuge 49,
  67, 75, 78
Bugatti-Werk (Automobiles Ettore
  Bugatti) 13, 52, 78, 79
  siehe auch Messiers-Hispano-
  Bugatti
Bunau-Varilla, Maurice 43
Burlington, Londoner Agent 9,
  11
Campbell, Sir Malcolm *56*, 58,
  58, 77, *77*
Cappa, C.J. 45
Carnarvon, Lord 26
Carrosserie Moderne, Karosserie-
  bau 7
Chiron, Louis 44, 45, *61*
Cholmondeley, Lord 43
Coatalen, Louis *3*
Colombo, Gioacchino 52, *52*
Conelli, Graf Carlo 58
Corsica, Karosseriebau 77, *77*
Costantini, Meo 43, 61
Cotal-Getriebe *71*, 77, 79

Cummings, Ivy *3*
Cushman, Leon 20
Czaykowski, Graf 46
Dawson, Colonel C.P. *16*, 18
de Dietrich (Automobile) 8, 9,
  9, 13 *siehe auch* Bugatti-
  Automobile Typ 2, 3, 4, 5
de Dietrich, Baron 9, *9*
de Dion (Hinterachse) 52
de Dion (Motor) 8
Delage, Louis 43, *44*
Delaney, L.T. *8*, 11
Delaunay 20
Delco-Zündverteiler 28, 30
de Ram (Stoßdämpfer) 50, 77
Deutz 10, 11, 12, 16, 22 *siehe*
  auch Bugatti-Automobile Typ
  8, 9
de Vizcaya, Bankier 13, 18
de Vizcaya, Pierre *19*, *8*, 43
Diatto 20, 22
D'Ieteren, Karosseriebau 68
Divo, Albert *32*, 38, 58
Domboy, Nol 52, 75
Donington Park 50
Dreyfus, René 44, 45, *45*, 50
Duesenberg 20, 44
Duray, Leon 44
Dutilleux (Fahrer) 58
Esders, Armand 64, *66*
Espanet, Dr. G. 64
Fiat *16*, 18, *4*, 38, *8*, 40, 41, 45
Figoni, Karosseriebau 61, *61*
Foster, Captain C. 64, *66*
Freestone and Webb, Karosserie-
  bau 68
Friderich, Ernest 10, 13, *16*, *19*,
  20, 38, *38*
Fuchs, Dr. J. 64, *66*
Galibier *siehe* Bugatti-Karose-
  rien
Gangloff, Karosseriebau *4*, 30,
  74, 75, *78*, 79
Garoos, Roland 22, 23 *3*
Grand Prix Deutschland 46;
  England 44;
  Frankreich 12, *16*, 18, *19*, 20,
    26, 38, *8*, *41*, 43, *43*, 44, 50,
    52;
  Irland 50;
  Italien 38;
  Monaco 44, 49;
  Südafrika *50*
Grover-Williams, William 44,
  52, 58
Gulinelli, Graf 9
Harrington, Karosseriebau 30
Hémery, Victor *16*, 18
Hispano-Suiza 64, 79
Hohenlohe, Prinz von 18
Howe, Lord 50, *50*, 58, 77
Illkirch-Graffenstaden 10, *10*
Indianapolis, 500 Meilen
  von 22
Isotta-Fraschini 12, 13
James Young, Karosserie-
  bau 68, *69*
Junek, Cenek und Elisabeth 43
Kellner, Karosseriebau 64, *66*
Kidston, Glen 43
Kortz, Felix 12, 13
Labourdette, Karosseriebau 68
Langen, Adolf 11
Le Mans, 24 Stunden von 52,
  61, 73
Leopold, König von Belgien 61
Lewis, Brian 50

Lidia, Comtesse de Boigne (gebo-
  rene Bugatti) *5*
Lizenzbauten *siehe* de Dietrich,
  Deutz, Mathis, Peugeot
Lobkowitz, Prinz Georg-Kri-
  stian *46*
Lorioli, Thérèse 8
Marco, Pierre *8*, 79
Martin, C.E.C. 50
Masetti, Graf Giulio 43
Mathis, Emil *9*, 10, *10*, 11, 13
Mathis-Hermes 10, *10*, 11, *siehe*
  auch Bugatti-Automobile Typ
  7, 8
Mays, Raymond 20
Mercedes-Benz 44, 78
Messier-Hispano-Bugatti 79
Miller-Rennwagen 44, 49, 73
Moglia, Raymond 43
Molsheim 6, 9, *10*, 11, 12, 13,
  18, 20, 22, 26, 30, 32, 38,
  43, 49, 52, *52*, 60, 64, *65*,
  66, *68*, *69*, 73, 75, 78
Monge, Louis de 50
Montlhéry *32*, 44, 52, 77
Monza 38, 46
Mulliner, Karosseriebau 68
Niederbronn 9, *9*
Otto, Nikolaus August 11
Packard 64, *65*
Park Ward, Karosseriebau 64,
  66
Peugeot 18, 22;
Bébé (Bugatti-Konstruktion) 18
Pichetto, Antoine *52*, 75
Prinz-Heinrich-Fahrt *10*, 22
Prinetti & Stucchi 8, 9, *siehe*
  auch Bugatti-Automobile Typ
  1
Renault, Marcel 9
Rolls-Royce 33, 64, 68
Roots-Kompressor 43, 57, 68,
  77
Rost, Maurice 73

San Sebastian 43, 44, 49, *65*
Saoutchik, Karosseriebau *4*, 68,
  71
Schebler (Vergaser) 30
Schlumpf, Fritz 22, *52*, 64, *65*,
  78
Scintilla-Elektrik 33
Scintilla-Magnetzünder 44, 77
Segrave, Sir Henry 20, 38, 43
Société Alsacienne de
  Construction Mécanique
  (SACM) 10
Solex (Vergaser) 26, 30
Sommer, Raymond 52
Stefanini, Konstrukteur 13
Sunbeam *3*, 33, 38, *38*, 43
Targa Florio 44
Trintignant, Maurice 52
Turcat-Méry *8*
Ulster-TT *56*, 58, *58*, 77
Van Vooren, Karosseriebau 32,
  61, *74*
Varzi, Achille 44, 46
Vauxhall 20, 56
Ventoux Coach *siehe* Bugatti-
  Karosserien
Veyron, Pierre 52
Voisin, Gabriel 38
Weber (Vergaser) 79
Weinberger, Karosseriebau 64,
  66
Weymann, Karosseriebau 32,
  61, 64, *65*, 68
Williams *siehe* Grover-Williams,
  William
Wimille, Jean-Pierre 50, 52
Zenith-Vergaser 26, 30, 41

Besonderer Dank
Der Herausgeber bedankt sich bei den folgenden Organisationen und
Einzelpersonen für ihre freundliche Genehmigung, die zur Verfügung
gestellten Fotografien in diesem Buch veröffentlichen zu dürfen:

Autocar 39 eingesetzt, 46/47; Classic and Sportscar/Michael
Walsh 45 rechts eingesetzt; Hugh Conway Collection 6/7, 8, 9, 10, 11,
12 eingesetzt, 16, 19 oben, 24/25, 26, 29 oben, 38 unten, 42 unten,
61 eingesetzt, 65, 66 oben und Mitte, 67 unten links und oben rechts,
68 oben, 78 oben und unten eingesetzt; DPPI/Jean-Paul Caron 1, 12/
13, 67 unten rechts, 76/77; Taso Mathieson 38 oben; H. Roger Viollet
58 oben.

Auftragsfotografien: Laurie Caddell 44/45, 52, 60/61,; Jean-Paul
Caron 4/5, 28/29, 39, 64/65, 66 unten, 67 oben, 68/69 unten, 78/
79; Ian Dawson, 2/3, 14/15, 19, 20/21, 31, 32, 34/35, 40/41, 42/43,
48/49, 53, 54/55, 62/63, 70/71, 72/73, 74/75; Chris Linton 16/17,
18, 22/23, 27, 30, 33, 36/37, 45 links eingesetzt, 46 eingesetzt, 47,
50/51, 56/57, 58 unten, 59, 69 oben, 75.

Außerdem richtet sich der Dank des Herausgebers an
das Musée National de l'Automobile de Mulhouse, Frankreich,
die Donington Collection, Derbyshire, England, sowie an die Mit-
glieder des Bugatti Owners Club, die ihre Fahrzeuge für Fotos zu
diesem Buch zur Verfügung stellten.

KODAK SAF.ETY FILM 5017
KODAK SAF.ETY FILM 5017
→6
→6A
→7
→7A
→8
→8A
HED
21
5017
KODAK SAF.ETY FILM 5017
KODAK SAF.ETY FILM 5017
→15
→15A
→16
→16A

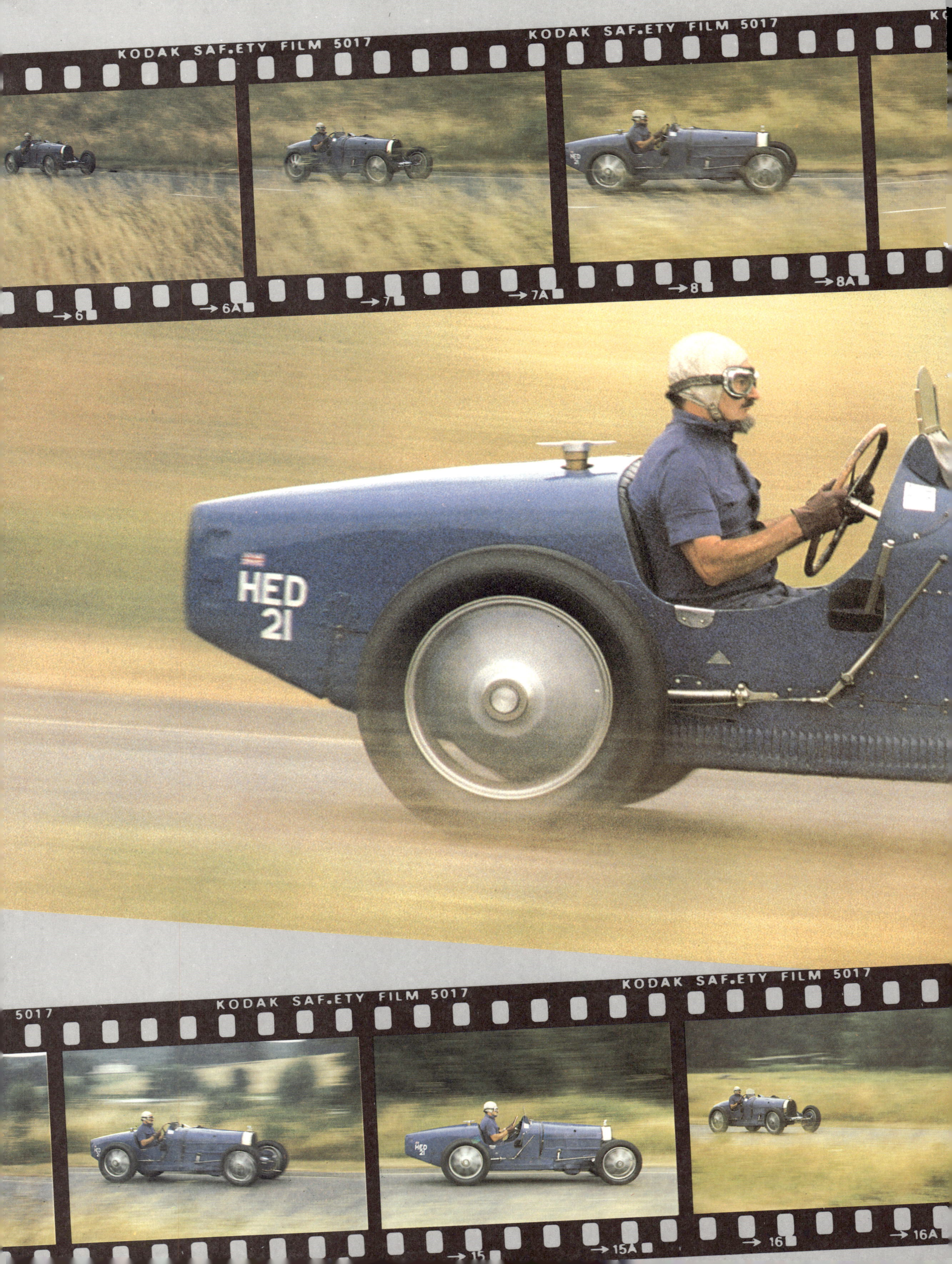

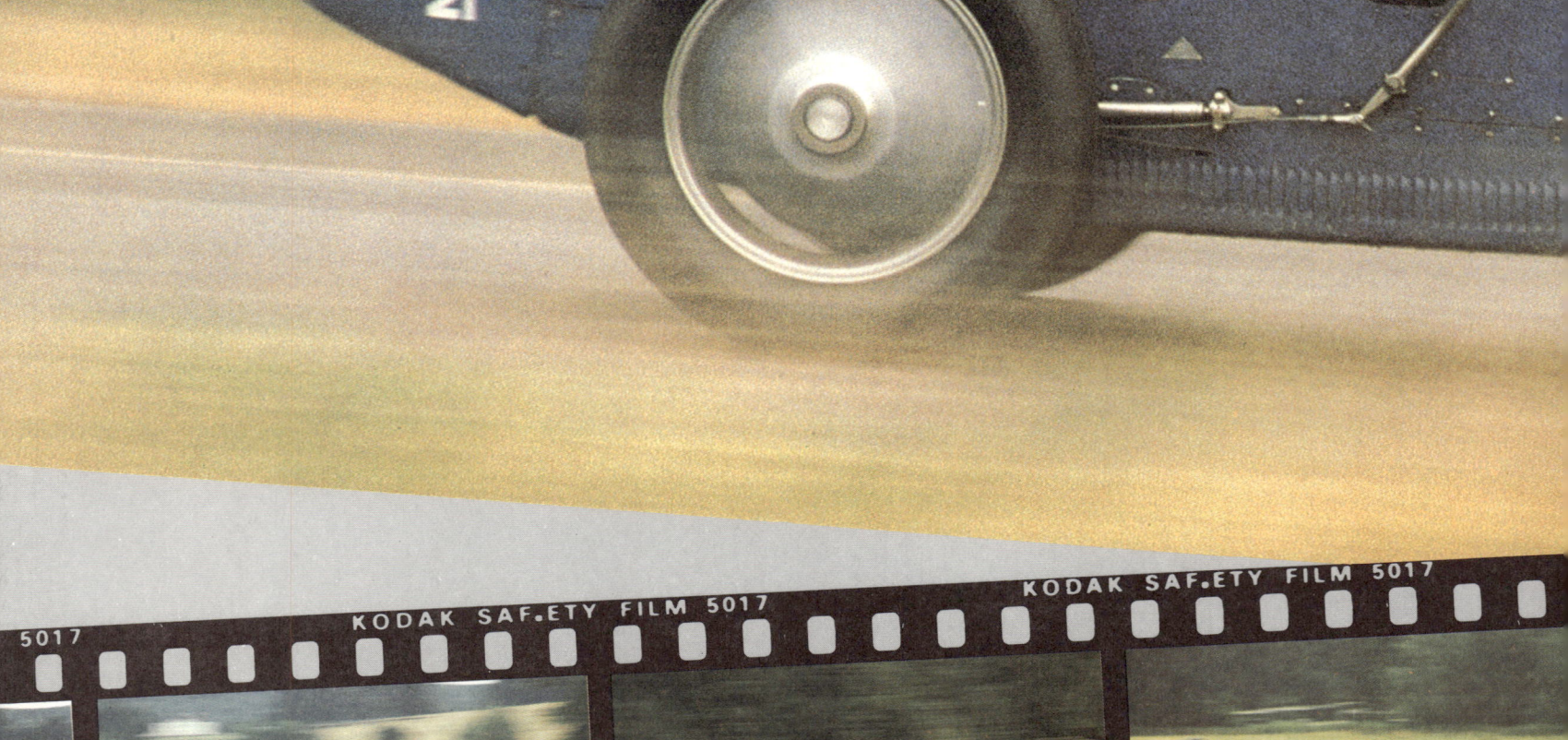

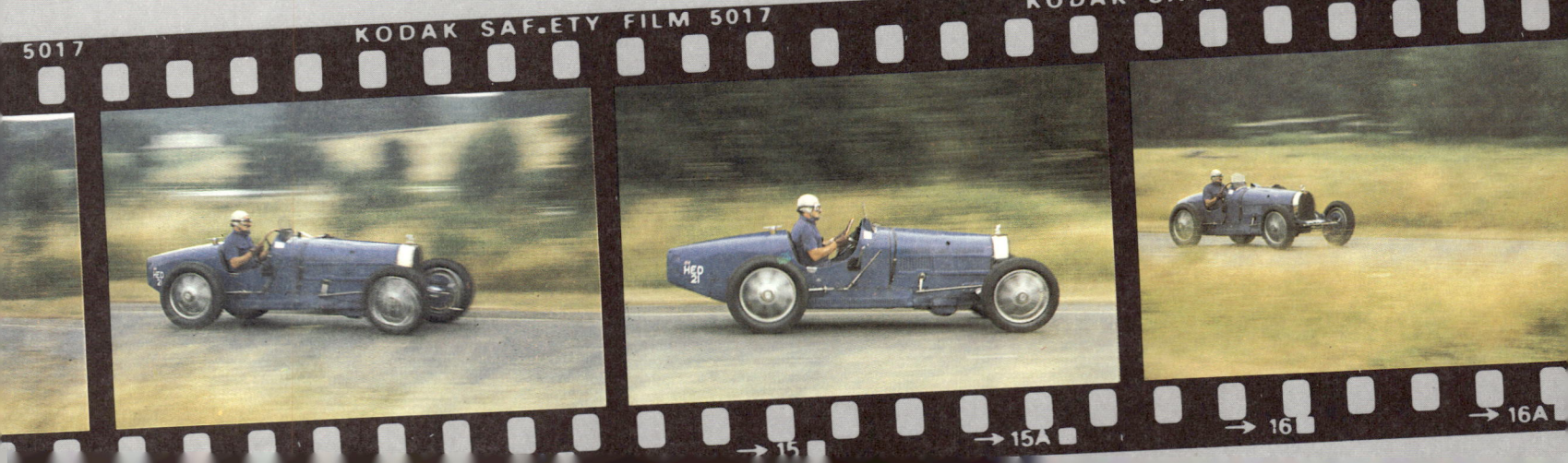